PROBLEMAS VERBALES PARA

ALGEBRA INTERMEDIA

PROBLEMAS VERBALES PARA ALGEBRA INTERMEDIA

CARMEN RODRIGUEZ DE PADIAL

Centro de Investigaciones Académicas
(CEINAC)
Universidad del Sagrado Corazón

Publicaciones Puertorriqueñas, Inc.
San Juan, Puerto Rico
1993

1ª Edición 1993

ISBN 0-929441-57-5

Editor	: Andrés Palomares
Portada	: Staff P. P.
Arte y diseño	: Eva Gotay Pastrana
Promoción Agencia Gobierno	: Yolanda León
Promoción Area Metropolitana	: Haydeé Gotay
Promoción	: Maribel Maysonet
Distribución	: Eulogio Rodríguez
Impresión	: Impresos Caribe
	Puerto Rico

Publicaciones Puertorriqueñas, Inc.
P.O. Box 195064
San Juan, Puerto Rico 00919-5064
Tel. 759-9673 Fax 250-6498

INDICE

Prefacio

La solución de problemas es el objetivo principal luego de desarrollar una destreza matemática, digamos la solución de ecuaciones lineales. Se aspira a que el estudiante comprenda que el objetivo práctico de resolver ecuaciones cuadráticas es solucionar problemas y pueda usarlas con este fin.

El Panel Sobre la Educación de la Ciencia y la Matemática en un informe rendido en 1985 recalca la necesidad de investigar el proceso de enseñanza aprendizaje de la matemática con un enfoque distinto al tradicional y de desarrollar materiales de instrucción innovadores que ayuden a los estudiantes a desarrollar las competencias necesarias para resolver problemas.

El uso de textos en inglés no ayuda en la tarea de enseñar estas unidades de problemas verbales. El resultado de esto es que los cursos enfocan predominantemente las conductas y productos observables y el conocimiento demostrado, y no cumplen con el objetivo principal de encarar a los estudiantes con la solución de problemas aplicando las destrezas adquiridas.

Meta

La meta de este manual es precisamente enfocar la enseñanza de la matemática encarando a los estudiantes a situaciones problemáticas donde tengan que aplicar las destrezas aprendidas.

Organización del Contenido

El contenido se organizó usando como base la teoría de desarrollo de esquemas operadores mentales matemáticos. Owens y Sweller (1985) definen un esquema como una estructura cognoscitiva que le permite a una persona categorizar un problema y le indica los pasos apropiados para resolver problemas de su clase. Cheng y Holyoak (1985) explican la inducción de esquemas como resultado de la experiencia recurrente con situaciones orientadas a una meta. Para Lewis y Anderson (1985) el desarrollo de un esquema es el resultado de una abstracción que hace una persona al enfrentarse a ejemplos o instancias parecidas de un problema. Aseveran que estos esquemas consisten de aquellas características específicas de un problema que pueden predecir el éxito de cierta operación para resolverlo. Segun Gick y Holyoak (1983) el proceso de inducción de esquemas consiste en desechar las diferencias entre análogos al mismo tiempo que se conservan sus cualidades comunes. El desarrollo del esquema se facilita dando a los sujetos ejemplos análogos a los que se supone que resuelvan.

El manual se divide en doce módulos de problemas verbales que corresponden a diferentes modelos algebráicos. Esta estructura ofrece la ventaja de que cada módulo se puede usar de forma independiente en cualquier momento del curso.

La estrategia instruccional que se usa es la sugerida por la literatura para lograr el desarrollo de esquemas-operadores matemáticos. Esta estrategia consiste de tres etapas. La primera etapa es una explicación que le provee ejemplos de problemas análogos resueltos. En la segunda etapa se crea un ambiente que le permite al estudiante practicar lo aprendido. Esta es la etapa más importante pues es cuando se produce el desarrollo del esquema. La actividad del estudiante durante esta etapa debe estar dirigida por preguntas orientadas al análisis que induzcan a la prueba de hipótesis. Durante la tercera etapa se evalua el grado de desarrollo de esquema mediante pruebas diseñadas con este propósito.

Las soluciones a cada problema presentado en la segunda y tercera etapas de cada módulo se añade al final de forma que el estudiante pueda verificar sus problemas resueltos.

Reconocimientos

Se reconoce de forma especial la excelente colaboración de las estudiantes Giselle Reyes, en la redacción del material, de Elizabeth Roxana Nolasco en la evaluación y solución de los problemas, de la Profesora Zayda Gracia en la evaluación del contenido y del Centro de Investigaciones Académicas que auspició el trabajo.

MODULO 1

Operaciones Básicas

Problemas que se resuelven aplicando las *operaciones básicas* de suma, resta, multiplicación y división.

Fase de Instrucción

Para resolver estos problemas no hay necesidad de usar variables. El resultado se obtiene sumando, restando, multiplicando ó dividiendo cantidades dadas en el problema. Son los problemas verbales más sencillos. Para resolverlos no es necesario tener conocimientos de álgebra. Veamos varios ejemplos:

Ejemplos

1. Un día Susa se ganó $24.00 dando tutorías de matemática al otro día se ganó $36.00 dando tutorías de inglés.

   ¿Cuánto ganó Susa en los dos días? Es obvio que lo que hay que hacer es sumar ambas cantidades.

   $24.00 + $36.00 = $60.00 Susa ganó $60.00 en ambos días.

2. El precio de venta de una computadora es de $1060.00. A este precio se le rebaja el 5%. ¿Cuánto cuesta la computadora? El problema consiste en rebajar del precio original el % de descuento establecido. El 5% de 1060 se obtiene de la siguiente forma 5% = .05 .05 (1060) = 53.00 Se resta 1060 - 53 = 1007 El costo es $1007.00

3. Una cantidad cambia durante tres años consecutivos. El primer año aumenta 20%, el segundo año la misma cantidad aumenta 30%, y el tercer año disminuye 20%. ¿Cuál es el % de cambio total para los tres años?

   Solución: Es obvio que el problema se soluciona sumando y restando pues las palabras aumenta y disminuye es lo que implican. El cambio total se obtiene sumando los porcientos de los dos primeros años y restando el último.

   20% + 30% - 20% = 30%

4. Juan se pegó con la tercera parte del primer premio de una rifa. Su premio fue de $456.00 El resto del premio lo ganó su hermano Pedro. ¿Cuánto dinero ganó Pedro?

   Solución: Como 456 es la tercera parte del total se multiplica 456 por tres y se obtiene el total.

   3(456) = 1368 Pedro ganó 1368 - 456 = $912

5. Luisa quiere hacer la mitad de una receta que lleva 3 tazas de azúcar. ¿Cuántas tazas debe usar? Como es la mitad de la receta se busca la mitad de 3 que es 1½.

Fase de Inducción

Tomando como ejemplo los problemas resueltos, resuelve los siguientes problemas para que desarrolles la destreza necesaria.

Problema # 1

Yohaira repartió su bono de Navidad entre su hermana y sus dos sobrinos. A su hermana le dió $150.00 y a sus sobrinos $75.00 a cada uno. ¿Qué parte del bono le regaló a su hermana?

Solución:

1. ¿Cuál es la meta del problema?

2. ¿Qué información debes buscar primero?

3. ¿Qué operaciones matemáticas debes llevar a cabo para encontrar esta información?

4. ¿Como llegarás a la meta?

Resuelve el problema

Problema # 2

Corín va a vender tres libros en segundas manos. En la librería le dicen que le debe rabajar solo el 15% del precio original ya que los libros están en muy buenas condiciones. A Corín los libros le costaron originalmente $138.75 ¿Cuánto dinero recibirá Corín con esta venta?

Solución:

1. ¿Cuál es la meta del problema?

2. ¿Qué información esta dada?

3. ¿Qué información se debe buscar primero?

4. ¿Qué operaciones básicas debes llevar a cabo?

5. ¿Cómo llegarás a la meta?

Resuelve el problema

Problema # 3

Las notas de los exámenes parciales de Julián son 93, 89, 72, 80 y 96. ¿Cuántos puntos subirá su promedio si saca 100 en el próximo exámen?

$$Promedio = \frac{suma\ de\ las\ notas}{cantidad\ de\ notas}$$

Solución:

1. ¿Cuál es la meta del problema?

2. ¿Qué información esta dada?

3. ¿Qué información se debe buscar primero?

4. ¿Qué operaciones básicas debes llevar a cabo?

5. ¿Cómo llegarás a la meta?

Resuelve el problema

Problema # 4

Carmen va a hacer un bizcocho de cumpleaños para 20 personas. La receta que tiene es para 30 personas y lleva 12 huevos. ¿Cuántos huevos debe usar si disminuye la receta?

Solución:

1. ¿Cuál es la meta del problema?

2. ¿Qué información esta dada?

3. ¿Qué información se debe buscar primero?

4. ¿Qué operaciones básicas debes llevar a cabo?

5. ¿Como llegarás a la meta?

Resuelve el problema.

Problemas de Práctica

Resuelve los siguientes problemas. Para cada uno contesta las preguntas que se te hicieron en la fase de inducción.

1. Tito y Sara necesitaban $100.00 para comprar un regalo a su mamá para el día de las madres. Ellos decidieron hacer algún trabajo para recaudar el dinero y lo que faltara pedirlo a su papá. Tito se ganó $27.75 recortando gramas y $25.00 pintando el balcón de la casa de su abuela. Sara se ganó $40.00 cuidando niños los fines de semana. ¿Cuánto dinero tuvo que darles su papá?

2. Sonia tiene que rebajar 30 libras en 3 meses. Si rebaja 3 libras semanales. ¿Podrá lograr su objetivo? (Cada mes tiene 4 semanas.)

3. Carlos perdió $30.00 por hora jugando en las tragá monedas en el casino. ¿Cuánto perdió después de pasar 8 horas jugando en el casino?

4. Juan trabajó todo un día pintando su casa. Su papá ofreció pagarle $5.00 la hora. ¿Cuánto ganó Juan después de 8 horas de trabajo?

5. Don Lorenzo Ginorio dejó dispuesto en su testamento que su fortuna de $1,000,000.00 se repartiera de la siguiente forma. Para su esposa el 75% y el resto por partes iguales a cada uno de sus tres hijos. ¿Cuánto le tocó a cada uno?

6. Oscar y Elena pagan $375.00 de renta. Entre los dos se ganan $170.00 semanales. Tres cuartas partes de lo que les queda lo usan para los otros gastos fijos (agua, luz, comida, préstamo carro etc.) ¿Cuánto les queda para divertirse? (Cada mes tiene 4 semanas.)

7. Un estudiante contestó un examen de 20 preguntas. El valor de cada pregunta era 5 puntos. En tres preguntas sacó cero, en dos sacó uno, en otras dos sacó dos, en una sacó tres, en 5 sacó cuatro y en el resto sacó cinco puntos. ¿Cuánto sacó en el examen?

8. Fabián y Pedro compiten cada vez que toman un examen para ver quién lleva mejor promedio. Las notas de Fabián son 98, 57 y 79. Las de Pedro son 87, 75 y 86. ¿Quién lleva mejor promedio? Si Fabián saca 88 en el cuarto examen y Pedro 83 quien ganará la primera posición.

9. Loreta se comió $1/_5$ de bizcocho de frutas y $2/_3$ de uno de chocholate. ¿Cuánto bizcocho comió?

10. Marián compró unas pantallas por $5.00 más el 2% de impuesto. También compró un collar por $10.00 más el 3% de impuesto. ¿Cuánto gastó Marián en las dos cosas?

SOLUCIONES PAGINAS 111-113

MODULO 2

Ecuaciones Lineales

Problemas que se resuelven a través de *ecuaciones líneales* con una desconocida.

Fase de Instrucción

Características:

Los problemas verbales que se resuelven a través de ecuaciones lineales con una desconocida se reconocen, porque el problema habla de esta desconocida y de alguna relación ó característica que esta tenga. Estos problemas se pueden agrupar en diferentes clases para facilitar el método de solución. Si se identifica la clase de problema antes de solucionarlo el método correspondiente es fácil de identificar también. De estos hay muchas clases. En este módulo veremos aquellos que se clasifican como problemas que relacionan cantidades, problemas de porcientos y problemas de mezclas.

Cómo resolver ó atacar estos problemas:

Vamos a describir unos pasos esenciales una vez se ha clasificado el problema.

1. Leer el problema detenidamente para:

   a. Identificar la desconocida y los datos específicos dados.

   b. Identificar la relación de la desconocida con los datos expuestos.

2. Traducir la expresión verbal a una expresión algebráica (ecuación o desigualdad)

3. Resolver la expresión algebráica.

4. Interpretar el resultado a la luz del problema.

El segundo paso, traducir la expresión verbal a una expresión algebráica, es el paso que más dificultad ofrece a los estudiantes. Para facilitar estos pasos veamos unos ejemplos de como se traducen algunas frases a su expresión algebráica.

Expresión Algebráica de frases

1. Un número aumentado por 10

   $x + 10$

2. Un número disminuido por 8

   $x - 8$

3. La suma de dos números es 100

   Primer número   Segundo número

   x $100 - x$

4. Tres números consecutivos

   Primero Segundo Tercero

   x $x + 1$ $X + 2$

5. Tres nones o pares consecutivos

   Primero Segundo Tercero

   x $x + 2$ $x + 4$

6. Un número es la mitad de otro

   Primero   Segundo

   x $(1/2)x$ ó $X/2$

7. Un número es 5 veces otro

   Primero Segundo

   $\quad$ x $\qquad$ 5x

8. Un número es 4 menos que dos veces otro.

   Primero Segundo

   $\quad$ x $\qquad$ 2x - 4

9. El 8% de interés de x dólares

   8%x = .08x

10. El 20% de descuento del precio de venta

    20%p = .20p

11. La distancia que puede caminar una persona que camina a 2   millas por hora si camina 3 horas.

    Distancia = 2(3) = 6 millas.

12. La velocidad de un auto que corre 10 millas en 12 minutos.

    v = 10/12 = 5/6 millas por minuto.

13. El tiempo que le toma a un ciclistas que corre a 10 millas   por hora recorrer x millas.

    t = x/10 horas.

14. La cantidad de clorox en n galones de una solución con 80%   clorox.

    Cantidad de clorox = 80%n = .80n

15. El largo de un rectángulo es 5 pies más que 2 veces el ancho.

    Largo = 2ancho + 5

Veamos algunos ejemplos clasificados de antemano donde se usarán algunas de las frases que se han ofrecido como ejemplo.

I. Problemas que relacionan cantidades

Ejemplo #1

La pared más larga de una habitación rectangular tiene dos pies mas de longitud que la más corta. La pared larga mide 14 pies. ¿Cuántos pies mide la pared corta?

Solución:

La cantidad desconocida es la longitud de la pared corta. Llamémosle a esta longitud C.

El problema nos dice que la pared más larga tiene dos pies mas que la corta esto es: C + 2 Como la pared larga mide 14 pies, podemos decir que c + 2 = 14

Se resuelve la ecuación y obtenemos: C = 14 - 2 = 12

Interpretación:

La pared corta mide 12 pies.

Ejemplo #2

La familia Jimenéz piensa viajar en automovil alrededor de la Isla. Para este viaje van a alquilar un automóvil. El presupuesto para el automóvil es de $400.00 La agencia cobra $210.00 por semana y $0.18 por milla. ¿Cuántas millas podrá viajar la familia, en una semana, con el presupuesto indicado?

Solución:

La desconocida es el total de millas. Llamémosle m. Según lo expresado, el costo de la semana más el costo del total de millas debe ser igual al presupuesto.

$210 + 0.18m = 400$

Se resuelve la ecuación:

$$0.18m = 190$$

$$m = 190/0.18$$

$$m = 1055.5$$

Interpretación:

La familia Jiménez puede viajar 1055 1/2 millas con los $400.00

Ejemplo # 3

Susana supervisa a tres empleados en una oficina. Para el mes de diciembre la oficina necesita que se trabajen 50 horas adicionales. De los tres empleados uno está disponible para trabajar por lo menos el doble del tiempo que los otros dos. ¿Cuántas horas adicionales le asignará Susana a cada empleado?

Solución:

A dos de los empleados se le asignará la misma cantidad de horas, y al tercero el doble. La desconocida es el tiempo? Llamemosle t. La ecuación estonces será:

$$t + t + 2t = 50$$

Se resuelve la ecuación: $\quad 4t = 50$

$$t = 50/4$$

$$t = 12.5$$

Interpretación:

Dos de los empleados trabajarán 12 hora y media cada uno. El tercero trabajará el doble, o sea, 25 horas.

II. Problemas de Porcientos

La mayoría de estos problemas se relacionan con los negocios.

Ejemplo # 1

Qique va a poner un carrito de vender hot-dogs. La ganancia de cada hot-dog es 7% de lo que le cuesta a Quique. Los hot dogs se venden a $1.25 ¿Cuánto le cuesta cada hot dog y cuánto se gana, Quique?

Solución:

La desconocida es el costo de cada hot dog. Llamémosle c. El precio al consumidor incluye el costo y la ganancia. Por lo tanto Costo + Ganancia = 1.25 y así obtenemos que

$$c + 7\%c = 1.25 \quad 7\% = .07$$

$$c + .07c = 1.25$$

$$1.07c = 1.25$$

$$c = 1.25/1.07 = 1.168 \text{ ó } 1.17$$

Interpretación:

Quique pagá $1.17 por cada hot dog. También podemos concluir que se gana 1.25 - 1.17 = 0.08 ó sea 8 centavos por cada hot dog.

Ejemplo # 2

Doña Lydia compra una lámpara por $350.00 al 30% de descuento. Cuando llega a su casa su esposo le pregunta cuanto dinero ahorró en la compra. ¿Qué le dirá Doña Lydia?

Solución:

Doña Lydia debe buscar el precio original para así saber cuanto dinero ahorró. Eso quiere decir que la cantidad desconocida es el precio original. Llamémosle x. El precio original menos 30% del precio original, será el precio de venta.

$$x - 30\%x = 350 \quad 30\% = .30$$

$$x - .30x = 350$$

$$.70x = 350$$

$$x = 350/.70 = 3500/7 = \$500$$

Interpretación:

El precio original era $500.00   500 - 350 = 150

Doña Lydia se ahorró $150.00

Ejemplo # 3

Don Tomás Cruzado tiene invertido $20,000.00 Parte de ese dinero lo tiene invertido al 5% y la otra parte al 6% La ganancia de ambas inversiones es $1080.00 Su esposa quiere averiguar que parte de los 20,000.00 ha invertido Don Tomás al 5% y que parte tiene al 6%.

Solución:

La desconocida es la cantidad invertida al 5% Llamémosle x. La otra cantidad será 20,000 - x, ya que la cantidad total es 20,000. El 5% de x más el 6% de (20,000 - x) es la cantidad que Don Tomás se gana.

$$5\%x + 6\% (20{,}000 - x) = 1080$$

$$5\% = .05 \quad 6\% = .06$$

$$.05x + .06 (20{,}000 - x) = 1080$$

$$.05x + 1200 - .06x = 1080 \text{ multiplico por } 100$$

$$5x + 120{,}000 - 6x = 108{,}000$$

$$x = 12{,}000$$

Interpretación:

La cantidad que Don Tomás tiene invertida al 5% es $12,000. Eso quiere decir que tiene $8,000 invertido al 6%.

III. Problemas de Mezclas

Muchas veces en los hogares se sucitan situaciones que requieren que alguien mezcle una solución con otra para lograr alguna mezcla con una concentración mayor o menor de alguno de los elementos de la solución. Esto puede suceder con las medicinas, los líquidos para la limpieza, los insecticidas y hasta los ingredientes de una receta. Estos problemas se llaman problemas de mezcla y tienen una forma específica de atacarlos. Veamos algunos ejemplos:

Ejemplo # 1

Carmen tiene 6 litros de agua salina al 8% y quiere añadirle agua clara para rebajar la concentración de sal al 5% ¿Cuántos litros de agua clara debe añadir a los 6 litros de agua salina para lograr esto?

Solución:

La cantidad desconocida son los litros de agua clara o sin sal. Llamémosle x.

Cantidad Original + Cantidad añadida = Cantidad Final.

6 litros	x litros	6 + x litros
8% sal	0% sal	5% sal
8% (6)	+ 0%x	5% (6 +x)
.08(6) +	+ 0x =	.05(6) + .05x

multiplica x 100

$$48 \qquad\qquad\qquad 30 + 5x$$

$$48 - 30 = 5x$$
$$18 = 5x$$
$$3.6 = x$$

Interpretación:

Se debe añadir 3.6 litros de agua clara para rebajar la concentración de sal al 5%

Ejemplo # 2

Carlos trabaja como técnico de laboratorio. En el laboratorio hay 48 onzas de una solución de yodo al 4% y 40 onzas de otra solución también de yodo pero al 15% Carlos los mezcla para tener una sola solución de yodo. ¿Qué % de yodo debe poner Carlos en la etiqueta de la nueva solución?

Solución:

La desconocida es el % de yodo en la mezcla nueva. Llamémosle x %

Primera Solución + Segunda Solución = Solución Final

48 onzas	40 onzas	88 onzas
4% yodo	15% yodo	x % yodo
.04 (48)	.15 (40)	.0x (88)
4 (48) +	15 (40) =	88x

192	+	600	=	88x
		792	=	88x
		9	=	x

Interpretación:

Carlos debe escribir 9% yodo en la etiqueta de la nueva solución.

Ejemplo # 3

En una fábrica de ketsup intentan sacar una mezcla de 1020 litros de ketsup con 30% azúcar. Tienen una mezcla que es al 16% y otra que es al 50% ¿Cuánto deben usar de cada una?

Solución:

Llamemos la cantidad con 16% de azúcar x, la otra cantidad la de 30% de azúcar debe ser 1020 - x pues las dos cantidades deben sumar 1020 litros.

Mezcla 1	+	Mezcla 2	=	Mezcla Final
x litros	+	1020 - x litros		1020 litros
16% azúcar		50% azúcar		30% azúcar
.16x	+	.50 (1020 - x)	=	.30 (1020)
16 x	+	51000 - 50x	=	30600

$$x = \frac{20400}{34} = 600$$

Interpretación:

Para lograr 1020 litros de ketsup con 30% de azúcar, deben usar 600 litros del ketsup con 16% de azúcar y 420 litros del ketsup con 50% de azúcar.

Fase de Inducción

Para hacer estos problemas sigue los pasos indicados uno a uno.

Problema # 1

A Juan le gusta jugar a los caballos. El lunes fue al hipódromo pero sólo apostó en la primera y segunda carreras. En la primera se ganó $5.00 más que dos veces lo que ganó la segunda. En la segunda ganó $10.00 ¿Cuánto dinero ganó en la primera?

Solución:

1. Identificar la desconocida.

2. Asignarle una variable.

3. Establecer la relación de la desconocida y traducir a expresión algebráica.

4. Resolver expresión algebráica.

5. Interpretar a la luz del problema.

Problema # 2

María asistió a la feria de su escuela. Su papá le dio $10.00 para gastar. Con los $10.00 María pagó la entrada, se montó en 6 machinas y comió. La entrada valiá el doble que las carreras en machina, y la comida le costó $2.00 María quiere volver al otro día pero quiere pedir dinero para 2 carreras más ¿Cuánto dinero le debe dar su papá?

Solución:

1. Identificar la desconocida.

2. Asignarle una variable.

3. Establecer la relación de esta con los datos y expresa   algebráicamente.

4. Resolver la expresión algebráica.

5. Interpretar a la luz del problema.

Problema # 3

Rosa heredó de su abuela $12,500.00 el año pasado. Ella lo invirtió en una cuenta a plazo fijo por un año. Al finalizar el año recibió un cheque por $13,456 del banco. ¿A qué porciento estaba el interés de la cuenta?

Solución:

1. Identificar la desconocida.

2. Asignarle una variable.

3. Establecer la relación de la desconocida y traducir a expresión algebráica.

4. Resolver expresión algebráica.

5. Interpretar a la luz del problema.

Problema # 4

Laura se compró una blusa en $40.00 El precio original de la blusa era $55.00 ¿Qué % de descuento tenía la blusa?

Solución:

1. Identificar la desconocida.

2. Asignarle una variable.

3. Establecer la relación de la desconocida y traducir a expresión algebráica.

4. Resolver expresión algebráica.

5. Interpretar a la luz del problema.

Problema # 5

El jefe del equipo de mantenimiento de una institución tiene 20 pintas de una solución con 30% de desinfectante. ¿Cuántas pintas de una solución con 4% de desinfectante se le deben añadir a las 20 pintas para bajar el % de desinfectante al 12%?

Solución:

1. Identificar la desconocida.

2. Asignarle una variable.

3. Establecer la relación de la desconocida y traducir a expresión algebráica.

4. Resolver expresión algebráica.

5. Interpretar a la luz del problema.

Problema # 6

En una fábrica de jalea quieren hacer 1200 litros de jalea con 55% de azúcar. Para hacerlo van a mezclar una cantidad de jalea al 30% azúcar y otro cantidad al 70% azúcar. ¿Qué cantidad de cada una deben mezclar?

Solución:

1. Identificar la desconocida.

2. Asignarle una variable.

3. Establecer la relación de la desconocida y traducir a expresión algebráica.

4. Resolver expresión algebráica.

5. Interpretar a la luz del problema.

Problemas de Práctica

Siguiendo el formato de los problemas anteriores resulve los siguientes ejercicios.

1. Tu eres dueño de una fábrica de gafas y es tu responsabilidad resolver el siguiente problema: El costo de produción un par de gafas es de $6.00, además la fábrica tiene un costo fijo de $80,000.00 al año. Si las gafas se venden a $10.00 el par. ¿Cuántas gafas se deben producir al año para obtener una ganancia de $60,000.00?

2. Lupita es una estudíante de México en un programa de intercambio. Ella tiene $50.00 para llevar regalos a sus cinco hermanos. Lupita encontró unas camisetas y unos pantaloncitos cortos. Los pantaloncitos cortos valían $5.00 menos que las camisetas. ¿Cuál es el precio de las camisetas y de los pantaloncitos cortos sí compró 3 camisetas y 2 pantaloncitos cortos?

3. Carlos y Juana piensan casarse. Carlos gana $50.00 más que 2 veces lo que gana Juana. Juana gana $171.00 semanales. ¿Con cuánto dinero mensual contarán ellos cuando se casen? 4 semanas = 1 mes.

4. Pedro y Paco tienen un negocio de vender camisetas. Recibieron unas camisetas nuevas a $11.00 cada una. La tienda va a tener una gran venta donde toda mercancía estará al 20% de descuento. ¿A qué precio deben vender las camisetas nuevas para ganarle un 15% durante la venta?

5. Para el cumpleaños de Paolo, Mayra quiere regalarle un reloj que cuesta $120.00. Mayra hace pisapapeles para vender a $6.00. Su ganancia en cada pisapapel es de un 65% del precio. ¿Cuántos pisapapeles tendrá que vender Mayra para ganar suficiente para comprar el reloj?

6. Liliet tiene un promedio en la clase de álgebra de 81.5 Si el exámen final vale el 25% de la nota, ¿Qué nota debe sacar Liliet en este exámen para obtener un mínimo de 80% y así mantener una calificación de B?

7. Braulio se sacó $50,000.00 en la loto. Invirtió una parte en una cuenta al 7.85% y otra parte en otra cuenta al 11.35% Al finalizar un año la suma de los intereses de ambas cuentas fue de $4975.00 ¿Qué cantidad invirtió Braulio en cada cuenta?

8. El dueño de una estación de gasolina tiene 10,000 galones de gasolina sin plomo, él tiene que añadirle etanol para obtener una mezcla con 10% de etanol. ¿Cuántos galones de etanol debe añadir?

9. Cuantos litros de leche con 0% de grasa (100% leche) se le deben añadir a un litro de leche con 10% de grasa (90% leche) para producir leche con 2% de grasa (98% leche)

10. Un carnicero mezcla dos clases de carne molida para dividir en paquetes de 3

libras con 10% grasa. La mezcla tiene 450 libras. Una clase tiene 20% grasa y la otra tiene 5% grasa. ¿Cuánto de cada una debe mezclar para lograr los 450 libras al 10%?

SOLUCIONES PAGINAS 113-115

MODULO 3

Fórmulas

Problemas que se resuelven *usando fórmulas*

Fase de Instrucción

¿Sabes lo que es una fórmula? Veamos la diferencia entre las siguientes expresiones:
$2x + 5 = 7$ $P = 2L + 2A$

Ambas son ecuaciones, pero la única expresión que representa una fórmula es la segunda.

$$P = 2L + 2A$$

Se puede decir que una fórmula es una ecuación que tiene una aplicación en la vida real.

La fórmula que estamos usando de ejemplo se utiliza para buscar el perímetro de un rectángulo. El perímetro es la suma de los lados del rectángulo. 2L quiere decir dos veces el largo, y 2A quiere decir dos veces el ancho. El rectángulo, a su vez, es una figura geométrica que tiene múltiples aplicaciones.

Características

Las fórmulas relacionan varios factores. Para determinar uno de ellos, debemos conocer los valores de los otros factores, o debemos tener suficiente información para encontrar estos valores.

Hay fórmulas donde los factores se relacionan de forma lineal y resolver problemas usando estas fórmulas se convierte en resolver ecuaciones lineales.

No siempre las fórmulas representan relaciones lineales. Esto implica que hay diferentes métodos para resolver los problemas en los cuáles se usan las fórmulas para llegar a una solución.

Veamos varios ejemplos de problemas que se solucionan atráves de fórmulas que se reducen a ecuaciones lineales.

Ejemplo # 1

El pasatiempo de Carlos es fabricar muebles. El está muy orgulloso pues todos los muebles de su casa son de su propia creación. El proyecto futuro es fabricar un corral de arena para el gato. Carlos tiene 26 pies de madera para el perímetro del corral. ¿Qué medidas debe tener el corral si su intención es fabricarlo de forma rectangular con 3 pies más de largo que de ancho?

A $\quad$ $P = 2A + 2L$

$A + 3 = L$

L

Solución:

Para resolver este problema se debe usar la fórmula de perímetro. $P = 2a + 2L$

Como Carlos tiene 26 pies para el perímetro: $P = 26$

Por lo tanto $26 = 2A + 2L$

$$\text{Como} \quad L = A + 3$$
$$26 = 2A + 2(A + 3)$$
$$26 = 2A + 2A + 6$$
$$26 = 4A + 6$$
$$20 = 4A$$
$$5 = A \qquad L = 5 + 3 = 8$$

Interpretación:

El largo del corral será de 8 pies y el ancho de 5 pies.

Ejemplo # 2

Vas a pintar las paredes laterales del garaje de tu casa. Las paredes laterales del garaje de tu casa son en forma de trapecio. Necesitas saber el área de cada pared para comprar la pintura que se llevará al pintarlas. El área de un trapecio se resuelve usando la fórmula A = h/2 (b1 + b2), donde h es la altura y b1 y b2 la longitud de los lados paralelos. ¿Qué harías para averiguar el área?

Respuesta:

Supón que mediste la altura del garaje y esta es de 7 pies. Las medidas del piso y del techo hasta el fondo son

10 pies y 8 pies respectivamente. ¿Cuál es el área de cada pared lateral?

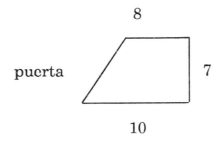

Solución:

Sustituir h por 7, b1 por 10 y b2 por 8 y resolver la ecuación.

A = 7/2 (10 + 8)

= 7/2 (18) = 7.9 = 63

Interpretación:

El área de cada pared será de 63 pies².

Ejemplo # 3

Juan es dueño de un velero. Piensa salir de pesca y encuentra que la vela está rota. Cuando va a la tienda a comprar otra le piden el área de la vela. Juan sabe que la base mide 8 pies y el mastil mide 64 pies. ¿Cómo calculará Juan el área? ¿Cuánto es?

Solución:

Primero hay que reconocer que la fórmula a usarse es la del área de un triángulo. $A = (1/2\ bh)$

Esta dado que la base mide 8 pies y el mastil el cual representa la altura, mide 64 pies. Se sustituyen estos valores en la fórmula para obtener: $1/2\ (8)\ (64) = (256)$

Interpretación:

El área de la vela es de 256 pies^2.

Ejemplo # 4

La velocidad de un cuerpo en movimiento de un punto A a otro punto B, se calcula usando la fórmula $v = d/t$ donde d es la distancía recorrida (en pies, metros, millas etc.) y t es el tiempo que le tomo al cuerpo viajar de A a B (medido en horas, segundos, días etc.)

Jáqueline tiene un exámen en la universidad a las 8:00 a.m. Ella descubre al salir de su casa que su auto tiene 2 gomas vacías. La universidad le queda a 5 kilometros de distancia. A qué velocidad tendrá que caminar Jáqueline para llegar a su exámen a tiempo si comienza a caminar a las 7:15 a.m. (tomar el tiempo en minutos)

Solución:

La distancia d = 5 km. El tiempo que tiene t = 45 minutos.

$v = 5/45 = 1km/9min. = 0.11$

Interpretación:

Jaqueline tiene que caminar a .11 kilometros por minutos.

Sigue los pasos indicados para resolver los problemas.

Problema # 1

Brunilda quiere coser cortinas nuevas para la cocina de su mamá, como regalo de Madres. La cocina tiene 3 ventanas rectangulares. La cantidad de tela que lleva la ventana es 2 veces su área. Ella sabe que las ventanas son iguales. Mide una y encuentra que tiene 5 pies de altura y 3 pies de ancho. ¿Cuánta tela tendrá que comprar?

(A = l x a   area = (largo x ancho)

Solución:

1. Establecer la fórmula apropiada.

2. Buscar los valores dados.

3. Identificar el valor desconocido.

4. Sustituir y resolver.

Interpretación.

Problema # 2

Un grupo de estudiantes decidió alquilar un carro para viajar a una playa de la isla. El costo del alquiler es de $20.00 más .10 centavos por cada milla. A la ida viajaron a 50 millas/horas por 2 horas y media, y a la vuelta tomaron otra ruta y viajaron a 55 millas/horas por 2 horas. ¿Cuál fue el costo total del uso del auto?

Solución:

1. Establecer la fórmula apropiada.

2. Buscar los valores dados.

3. Identificar el valor desconocido.

4. Sustituir y resolver.

Interpretación.

Problema # 3

Carmelo heredó un pequeño lote de tierra de su abuelo y decide hacerlo un estacionamiento público. El lote es de 40 pies de largo y 30 pies de ancho. Un ingeniero le explica que necesita dejar 300 pies cuadrados de espacio libre y que debe designar 15 pies cuadrados a cada espacio de carro. ¿Cuántos carros podrá ocupar el estacionamiento?

Solución:

1. Establecer la fórmula apropiada.

2. Buscar los valores dados.

3. Identificar el valor desconocido.

4. Sustituir y resolver.

Interpretación.

Problema # 4

Para recaudar fondos la clase graduanda de una escuela decide hacer banderitas triangulares con la insignia de la escuela para vender a todos los estudiantes. Al diseñar el banderin calculan que tendra 1 pie de ancho y que del vertice que sobre sale esta a 1 1/2 pie del palo. ¿Cuánto material necesitarán para construir 500 banderines? (en pies cuadrados)

Solución:

1. Establecer la fórmula apropiada.

2. Buscar los valores dados.

3. Identificar el valor desconocido.

4. Sustituir y resolver.

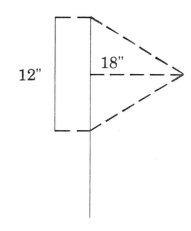

Interpretación.

Problemas de Práctica

1. En una compañía un grupo de 45 trabajadores deciden comprar un micronda para tener donde calentar sus almuerzos. Para que les salga gratis deciden aportar, cada uno, una cantidad para ser depositada en un certificado de 3 meses, comprarlo con el interés y luego devolver a cada uno lo aportado. El certificado gana el 8.75% de interés simple anual. ¿Cuánto deben aportar si el micronda cuesta $200.00?

2. Gabriel recibió de su abuela una moneda de oro, muy antigua como regalo, y quiere determinar cuántos gramos de oro tiene. Gabriel usa una probeta para medir el volumen de la moneda. Echa 5 ml. de agua en la probeta y luego le echa la moneda. La probeta ahora lee 6.5 ml. Gabriel sabe que la densidad del oro es de 19.3 g/ml. ¿Podrá Gabriel determinar la masa en gramos de oro? Densidad = masa/volumen

3. Cristina y su hermana Rosa piensan hacer limbers cónicos para vender. Ellas tienen 2 litros de jugo. (El volumen de un cono está dado por $v = 1/3 \; \P \; r^2 \, h$). Los conos que van a usar tienen un radio de 2.54 cm. y su altura es de 5.08 cm. ¿Cuántos limbers podrán producirse con los 2 litros?

   $(\P = 3.1416) \; (1 cm^3 = 1 ml)(1 \text{ litro} = 1000 ml)$

4. Ricardo le compró a su novia un componente de música como regalo, y desea envolverlo. El componente le vino en una caja rectangular. Ricardo sabe que el área de superficie de una caja rectangular está dada por $S = 2(lw + wh + hl)$ así que mide la caja y nota que su altura es 4 veces su ancho y el largo es 1/2 la altura. ¿Cuál es la cantidad mínima del papel que debe comprar Ricardo para envolverlo, si el largo es de 2 pies?

5. Gloriane tiene dos peceras cilíndricas ambas de 2 pies de altura. Una tiene radio de 6" y la otra de 9". Si Gloriane desea comprar una pecera grande donde vaciar estas dos peceras y que la altura permanezca igual, ¿Cuál debe ser el radio de la pecera nueva? Cilindro $V = \P \; r^2 \, h$

6. Pedro y Gloria van a construir un jardín rectangular con 76 pies de alambre. Esto quiere decir que el perímetro debe ser de 76 pies. El ancho del jardín debe ser de 13 pies. ¿Cuánto será el largo?

7. La clase graduanda de la escuela Pachín Marín va a invertir una cantidad de dinero en el banco por un año al 7% de interes simple sirve para luego usarlo para el baile de graduación. Ellos quieren una ganancia de $500.00 ¿Qué cantidad mínima tienen que invertir?

8. Doña Sonia le regaló a su primer nieto al nacer $1600.00 Este dinero lo invirtió a un interés simple de 9% para que el interés fuese depositado anualmente en otra cuenta de ahorros y él lo use a los 18 años. ¿Cuánto dinero tendrá el nieto cuando cumpla los 18 años?

9. Francisco va a fabricar una mesa redonda para su comedor y debe comprar la madera. Las dimensiones del comedor son 12 pies de largo y 12 pies de ancho. El piensa dejar 3 pies a cada lado de la mesa. ¿Qué tamaño (Area) tendrá la mesa?

$A = \P r^2$

10. Se va a fabricar un tablón de edictos en forma de trapecio. El lado de la base debe tener 12 pies y el lado superior es de 8 pies. El área que se va cubrir es 90 pies cuadrados. ¿Qué altura debe tener el tablón? $A = h/2 \ (b1 + b2)$

SOLUCIONES PAGINAS 116-118

MODULO 4

Ecuaciones Racionales

Problemas que se resuelven a través de ecuaciones *racionales reducibles a lineales*

Fase de Instrucción

La mayoría de los problemas verbales que se resuelven usando ecuaciones racionales reducibles a lineales presentan una situación que permite llamarle problemas de trabajo. El problema por lo general expone el tiempo que le toma a un individuo ó máquina lograr una tarea. Luego pregunta cuanto tiempo tomaría si la tarea se llevara a cabo por varios individuos ó máquinas trabajando al unísono. No todos los problemas son de esta naturaleza, pero, en este módulo veremos algunos ejemplos de estos.

Ejemplo # 1

Le vas a ayudar a tu mamá a pintar su cuarto. Ella sola puede hacer la tarea en 6 horas, tu solo la puedes hacer en 4 horas. Como van a trabajar juntos, ¿Cuánto tiempo les tomará?

Solución:

A tu mamá sola le toma 6 horas hacer la tarea completa, por lo tanto en una hora hace 1/6 de la tarea. A ti te toma 4 horas la tarea completa por lo tanto en 1 hora puedes hacer 1/4 de la tarea. 1/t es la parte de la tarea que ambos pintando harán en 1 hora.

$$1/6 + 1/4 = 1/t$$

$$24t \, (1/6 + 1/4) = (1/t) \, 24t \quad 4t + 6t = 24$$

$$10t = 24 \quad t = 24/10 = 12/5 = 2.4 = 2 \text{ horas y } 24 \text{ minutos.}$$

Interpretación:

t = 2.4 ó 2 horas y 24 minutos. Les tomará 2 horas y 24 minutos si lo pintan juntos.

Ejemplo # 2

La oficina de tecnología educativa del Sagrado Corazón necesita sacar las copias de unos manuales en 15 horas. La copiadora que usa la ofician puede hacer el trabajo sola en 45 horas. ¿Qué capacidad debe tener la foto copiadora que van a alquilar para poder hacer el trabajo en las 15 horas?

Solución:

La fotocopiadora vieja hace 1/45 del trabajo en 1 hora. La fotocopiadora nueva debe hacer 1/t del trabajo en 1 hora. Si trabajan juntas deben hacer 1/15 del trabajo en 1 hora.

$$1/45 + 1/t = 1/15$$

$$45 \, t(1/45) + 45t(1/t) = (1/15)45t$$

$$t + 45 = 3t$$

$$45 = 2t$$

$$22.5 = t$$

Interpretación:

La máquina nueva trabajando sola debe hacer el trabajo en 22 horas y media. Como 45 horas es dos veces eso, la capacidad de la fotocopiadora nueva debe ser el doble de la capacidad de la fotocopiadora vieja para poder hacer el trabajo en 15 horas usando ambas fotocopiadoras.

Ejemplo # 3

Rufo invitó a sus compañeros de clase a una fiesta en la piscina de su casa a las 7:30 p.m. Cuando llega a su casa a las 12:00 p.m. se encuentra con la piscina vacia. El sabe que si usa solamente la tubería de la piscina para llenarla le va a tomar 12 horas y si usa solamente la manguera le tomará 30 horas llenarla. Decide usar la tubería de la piscina más la manguera. ¿Se llenara la piscina para la hora de comenzar la fiesta?

Solución:

La tubería sola hace 1/12 del trabajo en 1 hora la manguera hace 1/30 del trabajo en 1 hora. Si se usan ambas formas se hará 1/t del trabajo en 1 hora.

$$1/12 + 1/30 = 1/t$$

$$60 + (1/12) + 60t(1/30) = 60t(1/t)$$

$$5t + 2t = 60 \quad 7t = 60 \quad t = 60/7 = 8.57$$

Interpretación:

Usando las dos formas para llenar la piscina esta se llenará en 8 horas y 34 minutos. Si se empieza a llenar a las 12:00 p.m., la piscina estará llena para las 8:30 p.m. Eso quiere decir que se puede hacer la fiesta en la piscina.

Problema # 1

Si tu imprenta puede sacar una orden de folletos en 4.5 horas y en otra imprenta se tardan 5.5 horas para sacar la misma orden. ¿Qué tiempo tomará sacar la orden si ambas imprentas trabajan juntas?

Solución:

1. Expresa la tarea que hace tu imprenta en una hora _____

2. Expresa que hace la otra imprenta en una hora _____

3. Expresa la tarea que hacen ambas en una hora _____

4. Escribe la Ecuación que representa el trabajo combinado.

Resuelve la ecuación

Interpretación.

Problema # 2

Rosita y Brenda se van a unir para lavar los autos de los vecinos. A Rosita le toma 2 horas encerar un auto pero cuando trabaja con Brenda lo hacen en 45 minutos. ¿Cuánto tiempo le toma a Brenda si lo hace sola? Si ellas cobran $2.50 por el encerado, ¿Deberán recibir cada una la misma cantidad de dinero? ¿Cómo se deben dividir el dinero?

Solución:

1. Expresa la tarea que hace Rosita en una hora _____

2. Expresa que hace Brenda en una hora _____

3. Expresa la tarea que hacen ambas en una hora _____

4. Escribe la Ecuación que representa el trabajo combinado.

Resuelve la ecuación

Interpretación.

Problema # 3

Si se usa el conducto A solamente para llenar un tanque el trabajo se toma 18 horas. Si se usa el B solamente se toma 22 horas. ¿Cuánto tiempo tomará llenar el tanque usando ambos conductos a la vez?

Solución:

1. Expresa la tarea que hace el el conducto A en una hora _____

2. Expresa que hace el conducto B en una hora _____

3. Expresa la tarea que hacen ambos en una hora _____

4. Escribe la Ecuación que representa el trabajo combinado.

Resuelve la ecuación

Interpretación.

Problemas de Práctica

1. Julia puede encerar el piso de su casa en tres horas. Si Pedro su hermano le ayuda lo pueden hacer en 2 horas. Pedro piensa hacerlo solo y cobrar $5.00 por hora. ¿Cuánto ganará Pedro?

2. Cuco hace una ruta repartiendo El Nuevo Dia tres veces más rápido que Toño. Cuando lo hacen juntos les toma 1 hora. El domingo próximo le toca a Toño solo. ¿A qué hora debe empezar si todos los periódicos deben estar repartidos para las 8:00 a.m.?

3. Doña Gloria tiene que entregar una orden de entremeses a las 6:00 p.m. un martes y se da cuenta a las 4:30 p.m. A ella le toma 3 horas preparar los entremeses. Llama a su hija para que venga a ayudarle a tener la orden lista para las 6:00 p.m. ¿Cuán ligero debe trabajar su hija para lograrlo?

4. Susana empieza a trabajar como oficinista en una empresa y le toma 9 horas llevar a cabo una tarea que Elena, la oficinista anterior, hacía en 5 horas. Un día la empresa tiene que llevar a cabo la tarea en 3 horas y media. Deciden llamar a Elena para que ayude a Susana. ¿Podrá la empresa cumplir con la tarea en el tiempo requerido?

5. Enrique puede pintar su casa 4 veces más ligero que su esposa. El año pasado la pintaron juntos y les tomó 8 días. Este año Enrique la va a pintar solo. ¿Cuánto tiempo le tomará?

SOLUCIONES PAGINAS 118-119

MODULO 5

Desigualdades Lineales

Problemas que se resuelven a través de *desigualdades lineales*

Fase de Instrucción

Características

Las desigualdades son expresiones algebráicas cuya solución es un conjunto de números; que la hacen cierta.

Ejemplo: x + 5 ≤ 7

<----------*

x ≤ 2   ---------0-2-------

Tanto el 2 como cualquier valor más pequeño que este resuelven o hace cierta la expresión x + 5 ≤ 7

Los problemas verbales que se resuelven usando inecuaciones se reconocen por que hablan de intervalos o lapsos de valores específicos. La relación entre las variables a la que hace alusión el problema no es una relación de igualdad sino de desigualdad. Los problemas se atacan de forma parecida a los que se resuelven con ecuaciones lineales, pero al reducir la expresión verbal a una algebráica se traduce con una inecuación en vez de con una ecuación. Veamos un ejemplo.

Ejemplo # 1

En Londres durante una mañana de invierno la temperatura flutua entre 0° y 5° celsio. ¿Entre que temperatura farenheit fluctua la temperatura?

Solución:

Se usa la fórmula de conversión c = 5/9 (f-32)

Se establece la desigualdad

$0 \leq c \leq 5$

$0 \leq 5/9 \ (f - 32) \leq 5$

$0 \leq 5 \ f - 160 \leq 45$

$160 \leq 5 \ f \leq 205$

$32 \leq f \leq 41$

Interpretación:

Usando la escala Farenheit la temperatura fluctua entre 32° y 41°.

Ejemplo # 2

Un estudiante lleva hasta el momento un 85 y un 90 en dos exámenes. ¿Qué notas debe sacar en el tercer exámen para mantener un promedio de A ($90 \leq$ promedio ≤ 100)

Solución:

La fórmula de promedio es:

$$P = \frac{\sum x}{N} \qquad P = \frac{85 + 90 + x}{3}$$

suma de las puntuaciones dividida entre la cantidad de puntuaciones.

Se establece la desigualdad

$$90 \leq P \leq 100$$

$$90 \leq \frac{85 + 90 + x}{3} \leq 100$$

$$90 \leq \frac{175 + x}{3} \leq 100$$

$$270 \leq 175 + x \leq 300$$

$$95 \leq x \leq 125$$

Interpretación:

Según el resultado debe sacar entre 95 y 125. Como el máximo que puede sacar es 100, la contestación será de 95 a 100.

Problema # 1

Juan y Laura son dueños de un terreno del cual todavía deben $12,760.00 de hipoteca. Se ven en la necesidad de vender el terreno pues Juan se ha quedado sin trabajo y no quieren que el banco se los quite. La compañía de bienes raices les cobrará 6% del precio de venta y también deben pagar $400.00 de impuesto a la ciudad. ¿Cuál debe ser el intérvalo de precio para lograr al menos pagar la hipoteca y ganar hasta 1000 con la venta?

Solución:

1. Indetificar el intérvalo o conjunto desconocido.

2. Identifica la relación de este conjunto con la información dada.

3. Establece la inecuación y resuelve.

4. Interpretar a la luz del problema.

Problema # 2

La Profesora Rodríguez da solo un exámen parcial y uno final. El promedio se calcula sumando 1/3 tercera parte del parcial con 2/3 partes del final. Para sacar C o Más un estudiante debe sacar un mínimo de 70. Si Luis sacó 56 en el parcial, ¿Cuánto debe sacar en el final para sacar C ó más?

Solución:

1. Indetificar el intérvalo o conjunto desconocido.

2. Identifica la relación de este conjunto con la información dada.

3. Establece la inecuación y resuelve.

4. Interpretar a la luz del problema.

Problema # 3

En Merc-B el par de mahones más caro cuesta $50.00 menos que los mahones de diseñador que venden en La Boutique. De hecho, en Merc-B se pueden comprar 4 pares de mahones por menos dinero de lo que cuesta un par en La Boutique. ¿Cuál será el intérvalo de precios de los mahones de Merc-B?

Solución:

1. Indetificar el intérvalo o conjunto desconocido.

2. Identifica la relación de este conjunto con la información dada.

3. Establece la inecuación y resuelve.

4. Interpretar a la luz del problema..

Problemas de Práctica

1. Gualberto sacó 58 en el único examen parcial que da el Profesor Santos, para aprobar la clase con C necesita un promedio igual ó mayor de 65. El promedio se evalúa sumando 2/3 del examen parcial más 1/3 del examen final. ¿Cuánto debe sacar Gualberto para pasar la clase con C? ¿Podrá pasar la clase con B?

2. Julio, José y Marian le van a regalar un televisor a su mamá. Julio gana más que José y va a contribuir el doble de la cantidad que aporte José. Marian no trabaja y solo puede dar $50.00 el televisor más barato vale $600.00 y el más caro vale $750.00 ¿Entre que cantidades debe estar la contribución de José?

3. Sonia le está explicando a José María como fluctúa la temperatura durante el mes de enero en su pueblo de Aibonito. Ella le dice que la temperatura puede bajar a 60 Farenheit ó puede subir a 80 Farenheit. Como José María es español tiene que convertir estas medidas a la escala Celsio para poder entender. ¿Cómo sería en esta escala la fluctuación de la temperatura?

4. ¿Cómo varía el valor de R medido en ohmios si R = E/I, cuando E = 110 voltios y los amperes I < 10. (El sistema es de 110 voltios constante pero los ampers varían hasta 10)

5. Los Pérez se acaban de casar y la entrada mensual entre ambos es de $2500.00 Los gastos fijos ascienden a $1750.00. El dinero que se gastan en alimentos fluctua entre $150.00 y $200.00 mensuales. Entre que cantidades fluctúa el dinero que les sobra para entretenimiento.

SOLUCIONES PAGINAS 119-121

MODULO 6

Ecuaciones Cuadráticas

Problemas que se resuelven a través de *ecuaciones cuadráticas.*

Fase de Instrucción

Muchas veces la relación que existen entre dos o más variables es un producto o multiplicación. Si este es el caso, que una relación se base en el producto de dos o más cantidades, las ecuaciones que se usan para resolver estos problemas son cuadráticas.

Ya, hemos visto problemas que se resuelven usando fórmulas o ecuaciones racionales que se reducen a lineales. También hay problemas que se resuelven usando fórmulas o ecuaciones racionales que son de naturaleza cuadrática. Veamos algunos ejemplos.

Ejemplo # 1

Un solar rectangular cuyas dimensiones son 26 pies de ancho y 30 pies de largo está rodeado por una acera de ancho uniforme. El área de la acera es 240 p cuadrados. ¿Cuánto es el ancho de la acera?

```
┌─────────────────────┐
│  ┌ ─ ─ ─ ─ ─ ┐      │
│  │  solar    │ 26   │ ----> acera
│  └ ─ ─ ─ ─ ─ ┘      │
│        30           │
└─────────────────────┘
```

Solución:

El área de un rectángulo esta dada por la fórmula $A = l \times a$. Área es igual al largo por el ancho.

El área del solar más el área de la acera es el área total.

$As + Aa = At$

As = Área del solar	$As = 26 \times 30 = 780p^2$
Aa = Área de la acera	$Aa = \quad\quad + \underline{\quad 240p^2}$
At = Área total	$At = \quad\quad 1120p^2$

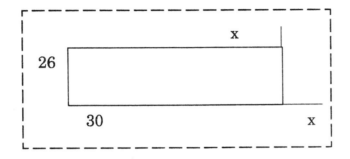

$At = (30 + 2x)(26 + 2x) = 780 + 112x + 4x^2$

Ecuación Cuadrática

$A_T = 780 + 240 = 1020$

$4x^2 + 112x + 780 = 1020$

$4x^2 + 112x - 240 = 0 \quad (\div 4)$

$x^2 + 28x - 60 = 0$

$(x + 30)(x - 2) = 0 \quad x = 2 \text{ ó } x = -30$

Interpretación:

Como lo que estamos es buscando es el ancho de la acera el valor tiene que ser 2 pies pues un ancho no puede ser negativo.

Ejemplo # 2

Las niñas escuchas quieren fabricar cajitas sin tapa con un volumen de 60 pulgadas^3. Las van a hacer cortando cuadrados de 3 pulgadas en las esquinas de un pedazo de cartón cuyo largo es 2 veces el ancho. ¿Qué dimensiones deben tener los pedazos de cartón?

Solución:

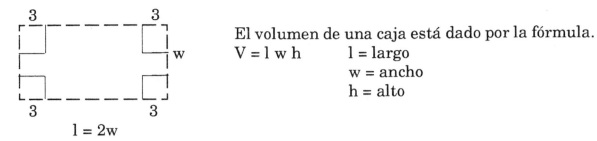

El volumen de una caja está dado por la fórmula.
$V = l\,w\,h$ l = largo
           w = ancho
           h = alto

$V = 60$in.^{3} $l = 2w$ Esta información esta dada en el problema. La altura (h) es 3 pulgadas pues la caja se forma doblando los extremos luego de cortar las esquinas.

Entonces como $V = l\,w\,h$

$l = 2w - 6$ $h = 3$ $w = w - 6$

$V = 60$ $V = (2w - 6)(w - 6)(3)$

$60 = 6w^2 - 36w - 18w + 108$

$6w^2 - 54w + 108 = 60$; $6w^2 - 54w + 48 = 0$; ($\div 6$)

$w^2 - 9w + 8 = 0$; $(w - 8)(w - 1) = 0$

$w = 8$ ó $w = 1$

Interpretación:

Según los resultados el ancho puede ser 1 ó 8 pulgadas. Dado que al tamaño inicial se le van a restar 6 pulgadas para los cuadrados la respuesta tiene que ser 8 pulgadas. (El ancho no puede ser negativo.) En vista de ésto los pedazos de cartón deben ser de 8 pulgadas de ancho y

$2(8) = 16$ pulgadas de largo.

Ejemplo # 3

El equipo olímpico de remo de canoa esta entrenando en un rio. Tienen que comparar la velocidad al remar en aguas tranquilas con la velocidad al remar en aguas con corriente de cada remador. A Julián le toma 30 minutos más remar 1.2 millas en contra de una corriente con velocidad de 5 mph, que remar a favor. ¿A qué velocidad rema Julián en aguas tranquilas?

Solución:

Se usa la formula $D = tv$.

Distancia = tiempo x velocidad

	V	T	D
Contra	v - 5	$\dfrac{1.2}{v - 5}$	1.2
A favor	v + 5	$\dfrac{1.2}{v + 5}$	

El tiempo en contra es .5 hora (30 minutos) más que el tiempo a favor. La velocidad en aguas tranquilas se calcula igualando el tiempo que le tomara al remador en contra con el tiempo que le toma a favor.

$$\frac{1.2}{v - 5} = .5 + \frac{1.2}{v + 5}$$

$$1.2\,(v + 5) = .5\,(v - 5)(v + 5) + 1.2\,(v - 5)$$

$$1.2v + 6 = .5\,(v^2 - 25) + 1.2v - 6$$

$$12 = .5v^2 - 12.5$$

$$24.5 = .5v^{"}$$

$$\frac{245}{5} = v^2$$

$$49 = v^2$$

$$\pm \sqrt{49} = v$$

$$\pm 7 = v$$

Interpretación:

La velocidad es 7 millas por hora.

Ejemplo # 4

Un manufacturero vende un artículo a razón de $20.00 cada uno si se ordenan menos de 50 si se ordenan de 50 a 600 el precio se reduce 2 centavos por la cantidad ordenada. ¿Cuál es el máximo de artículos que se pueden comprar con $4,200.00?

Solución:

Si $C < 50$ $P = 20C$

Si $50 \leq C \leq 600$ $P = (20 - .02C)C$

Se establece la ecuación

$4200 = 20C - .02C^2$

$.02C^2 - 20C + 4200 = 0$

$2C^2 - 2000C + 420000 = 0$

$C^2 - 1000C + 210,000 = 0$

$(C - 700)(C - 300) = 0$

$C = 700$ $C = 300$

Interpretación:

Con $4,200.00 se pueden comprar hasta 700 artículos.

Problema # 1

A Julián, el remista del ejemplo 3 le toma 2 horas más hacer un viaje de 12 kilómetros en contra de la corriente que a favor. La velocidad de la corriente es de 3 kilómetros por hora. ¿A qué velocidad rema Julián?

Solución:

1. Llene la table proporcionada

	V	T	D
Contra			
A favor			

2. Establezca la ecuación usando la siguiente $Tc = 2 + Tf$

   Tiempo en Contra es 2 horas más que a favor.

3. Resuelva la ecuación

Interpretación

Problema # 2

Don Juan tiene 42 metros de alambre para tirar una verja que encierre un predio de terreno rectangular con un área de 108 metros cuadrados. ¿Cuáles deben ser las dimensiones del rectángulo?

Solución:

1. Establecer las fórmulas a usarse, perímetro y area de un rectángulo.

    a. P

    b. A

2. Sustituir los valores que conoces.

3. Representar el árca como función de una variable.

4. Resolver la ecuación cuadrática.

Interpretación

Problema # 3

Una piedra grande se desprende y empieza a rodar por una montaña en dirección a una casa que esta en la falda a 560 pies de la cima. Cuanto tiempo tendrá la gente de la casa para salirse y salvarse. La distancia recorrida en t segundos está dada por la ecuación d = $10t^2$ + 10t

Solución:

1. Establecer la fórmula a usarse.

2. Sustituir los valores que conoces.

3. Resolver la ecuación.

Interpretación

Problemas de Práctica

1. Muebles Inc. va a fabricar superficies de mesas rectangulares con un área de $15p^2$. El largo debe tener 2 pies más que el ancho. ¿Cuáles serán las dimensiones?

2. Si se batea una bola hacia arriba a 150 p/s ¿Cuánto tiempo tardará la bola en llegar a la tierra? La posición de la bola con respecto al tiempo está dada por la ecuación

   $S = -16t^2 + V_o t + S_o$, donde V_o es velocidad inicial y S_o es posición inicial.

3. La ganancia semanal en miles de dólares que obtiene una fábrica de tractores, cuando produce x tractores esta dada por la ecuación $g = -x^2 + 40x - 150$ g(ganancia) x(cantidad de tractores) ¿Cuántos tractores se deben fabricar en una semana para producir una ganancia de $250,000?

4. Si un objeto cae de una ventana a 400 pies de altura, ¿Cuánto tiempo tiene una persona que esta abajo, para buscar una red y cogerlo? La altura esta dada por la siguiente ecuación $h = 400t - 16t^2$

5. Una fábrica de efectos para el hogar fabrica tablillas. El costo de las tablillas depende de su tamaño y esta dado por la siguiente ecuación $C = L^2/10 - 3L$ C(costo) L(largo). ¿De qué largo se debe fabricar la tablilla para que su costo sea $100.00?

6. A un remador de canoa le toma 15 horas más hacer un viaje de 40 kilómetros en contra de la corriente que a favor de la corriente. La corriente lleva una velocidad de 3 kilómetros por hora y el remador siempre rema a la misma velocidad. ¿Cuánto tiempo le toma al remador el mismo viaje en aguas tranquilas?

7. Una fábrica de casas de metal para el patio tiene que producir una ganancia semanal de $40,000.00. La ganancia por cada x casitas que producen está dada por la ecuación $g = x^2 + 16x - 24$. ¿Cuántas casas deben fabricar semanalmente? (donde g representa x miles de dólares.)

8. El área de un salón es 160 pies cuadrados. Al salón se le van a aumentar 5 pies de largo y 2 pies de ancho. El área nueva será de 250 pies cuadrados. ¿Qué dimensiones debe tener la alfombra para cubrir todo el piso?

9. En la clase de arte a Zolaira le enseñaron a hacer cajas sin tapa usando un pedazo de cartón. Ella quiere hacer cajas de $32 in^3$. cortando esquinas de 2 pulgadas con un pedazo de cartón cuyos 4 lados son iguales (cuadrado). ¿Qué tamaño deben tener los pedazos de cartón?

10. Una compañía administra un edificio de 70 apartamentos. Si los apartamentos se alquilan a $250.00 se pueden alquilar todos. Sin embargo, por cada $10.00 de aumento que se le haga al precio de alquiler se desocupan 2 apartamentos. La compañía interesa $17,980.00 mensuales mínimo. ¿En cuánto deben alquilar los apartamentos? (Si r es el alquiler r - 250 es la cantidad sobre $250.00 y $\frac{r - 250}{10}$ es la cantidad de aumentos de $10 que se hacen)

El número de apartamentos vacíos será $2 (\underline{r - 250})$.

10

MODULO 7

Razones y Proporciones

Problemas que se resuelven usando razones y proporciones.

Fase de Instrución

Muchos problemas de la vida diaria se resuelven representando cantidades por razones y proporciones. Una razón expresa la relación entre los tamaños de dos conjuntos. Por ejemplo si en un salón de clases hay 7 mujeres y 10 hombres, la razón de mujeres a hombres se expresa de cualquiera de las siguientes formas: 7:10 ó 7/10

La primera 7:10 se lee 7 a 10.

La segunda 7/10 es una fracción y se lee siete decimas.

Esto quiere decir que cualquier razón se puede expresar como una fracción. De la misma forma que las fracciones se pueden reducir las razones también. Por ejemplo si expresamos la siguiente razón $4.00 por 6 libretas = 4/6 Como 4/6 = 2/3 es lo mismo que decir $2.00 por 3 libretas.

Proporción:

Una proporción es una expresión de igualdad entre dos razones. a/b = c/d como vemos hay dos razones que son iguales.

```
                |------ extremos-----|
4/6 = 2/3              4  :  6 :  : 2  : 3
                       |        |
                       --------
                        medias
```

En este ejemplo vemos que cuatro es a seis como dos es a tres.

4 x 3 = 6 x 2

12 = 12

Podemos concluir que si a/b = c/d entonces a x d = b x c

Usando proporciones y conociendo la razón de algún conjunto a otro podemos encontrar cantidades desconocidas.

Los problemas se reconocen facilmente pues la información ofrecida es por lo general una razón y la pregunta es algún valor que se puede buscar usando una proporción.

Ejemplo # 1

Las instrucciones en una bolsa de cemento dicen que se deben usar 3 galones de agua por cada 60lbs. de cemento. Alberto solo quiere usar 10 lbs. de cemento. ¿Cuánta agua necesita para la mezcla?

Solución:

La razón de agua a cemento esta dada 3:60 ó 3/60 ; fracción reducible a 1/20. Se establece una proporción agua/cemento

1/20 = x/10   10/20 = x   1/2 = x

Interpretación:

Para 10 lbs. de cemento se necesita 1/2 galón de agua.

Ejemplo # 2

El carro de la compañía donde trabaja June corre 279 millas con 15.5 galones de gasolina. ¿Cuántas millas corre por galón?

Solución:

La razón de galones a millas es 15.5/279 Se establece la proporción: galones/millas

15.5/279 = 1/x

15.5x = 279   x = 279/15.5 = 18

Interpretación:

El carro corre 18 millas por galón.

Ejemplo # 3

En un hospital se establece que la razón de nacimientos de niños a niñas es 106 a 100. Si en un mes nacieron 25 niños. ¿Cuántas niñas nacieron?

Solución:

La razón de niños a niñas es 106/100 = 53/50 Se establece una proporción niños/niñas

53/50 = 25/x

53x = 1250

x = 1250/53 = 23.58

Interpretación:

Como sería un disparate decir que nacieron 23.58 niñas, se tendría que dar una contestación aproximada. Se podría decir 23 ó 24 niñas.

Fase de Inducción

Resuelve los problemas siguientes contestando las preguntas pertinentes.

Problema # 1

El precio de 4 latas de refresco es 89centavos. El club de ciencias piensa comprar refrescos para una fiesta y tiene $10.00 destinados para esto. ¿Cuántas latas podrán comprar?

Solución

1. Establece la razón latas : dinero

    latas/dinero ?/? Recuerda que 89¢ = .89

2. Establece la proporción comparando dos razones

    $$\frac{?}{?} = \frac{x}{?}$$

3. Resuelve la proporción despejando la x.

Interpretación

Problema # 2

Javier tiene negocio propio por lo tanto debe guardar una cantidad mensual para pagar el seguro social una vez al año. A Nina, su esposa, le retienen $120.00 mensuales por un sueldo de $1500.00 en la compañía donde trabaja. El sueldo de Javier es de $2000.00 mensuales. La cantidad retenida para seguro social es proporcional al sueldo recibido. ¿Cuánto debe ahorrar para el seguro social?

Solución:

1. Establece la razón Retención: Sueldo

   Retención Nina/sueldo Nina = ?/?

   $\dfrac{\text{Retención Javier}}{\text{Sueldo Javier}} = $ x/?

2. Establece la proporción Comparando dos razones

   ?/? = x/?

3. Resuelve la proporción despejando la x.

Interpretación

Problema # 3

Ernesto le pintó a su vecino una verja de 6 pies de altura y 55 pies de largo con 2 galones de pintura. En la escuela hay una verja igual de alta pero de 100 pies de largo y Ernesto la va a pintar. ¿Cuántos galones de pintura le pide Ernesto al principal?

Solución

1. Establece la razón pintura: largo

    pintura vecino/largo verja vecino   ?/?

    x/largo verja escuela

2. Establece la proporción comparando las razones

    ?/? = x/?

3. Resuelve la proporción de despejando la x

Interpretación

Problemas de Práctica

1. Si July corre 2 millas en 15 minutos. ¿Cuánto tiempo le tomará llegar a la casa de su amiga que vive a 5 millas de distancia corriendo a la misma velocidad?

2. Pedro va a freir unas bolitas de queso. La receta dice que para 30 bolitas necesita 2 tazas de aceite. Como Pedro solo va a freir 12 bolitas de queso, ¿Cuánto aceite necesita?

3. Sonya compra una casa, por $65,000.00 y quiere saber cuanto será el impuesto. La casa de sus padres vale $85,000.00 y estos pagan $544.00 de impuesto. El impuesto es proporcional al valor de la propiedad. ¿Cuánto pagará Sonya?

4. Susana ha rebajado 60 lbs. y ha llegado a su peso meta de 140 lbs. Para mantener este peso debe ingerir una dieta de 2100 calorías diarias. Su esposo pesa 165 libras y no quiere engordar. Las calorías necesarias para mantener un peso fijo es proporcional al peso descado ¿Cuántas calorías puede comer el esposo para mantener el mismo peso?

5. Loida quiere hacer un "poster" con una foto de su novio que mide 3 x 5 pulgadas. La base del poster debe medir 2 pies, ¿Cuántos debe medir la altura para que salga la foto completa?

SOLUCIONES PAGINAS 123-124

MODULO 8

Funciones Lineales

Problemas que se resuelven a través de funciones lineales.

Fase de Instrucción

Algunos problemas verbales se resuelven a través de funciones en las que por lo general hay dos variables envueltas. Estás se comparten de forma tal que una depende de la otra. En otras palabras una cantidad depende del valor de la otra. Ya hemos resuelto algunos problemas que usan funciones pero no se han explicado usando como perspectiva la definición de función.

En este módulo se verán ejemplos que se resuelven a través de funciones lineales. Un caso significativo es el fenómeno que se conoce como variación directa.

Una cantidad varía directamente con otra si ambas aumentan o ambas disminuyen de forma constante. La relación entre las cantidades se expresa como una función lineal donde existe una constante de variación. $Y = KX$ (Y) variable dependiente, K constante de variación X variable independiente.

En estos problemas se busca inicialemente la constante de variación con la información dada, luego se establece la función. Esta función se usa para resolver cualquier otra instancia.

Ejemplo # 1

Expresa el perímetro P de un rectángulo en términos de su ancho (a) cuando el largo es 2 veces el ancho.

$l = 2a$

Como el perímetro es la suma de todos los lados la expresión que representa el perímetro es:

$P = 2a + 2l$ Esta expresión está en términos de 2 variables y solo queremos P(a), P de (a), o sea una expresión donde P depende solo del valor de a. Como $l = 2a$ esta expresión seria:

$P(a) = 2a + 2(2a)$

$P(a) = 2a + 4a$

$P(a) = 6a$

Ejemplo # 2

En Puerto Rico las prendas de fantasía tienen un 5% de impuesto sobre el precio. La cantidad de impuesto que se paga es una función del total de la compra y se expresa de la siguiente forma I = impuesto y C = costo de la prenda. Donde $I = .05C$ (función lineal) La constante de variación aquí esta dada y es .05. Si María compra unas prendas cuyos precios suman $55.00 la cantidad de impuesto que le toca pagar será

$I = .05(55) = 2.75$ $2.75

Ejemplo # 3

Real Hermanos es una compañía dueña de un edificio de oficinas. La compañía establece cobrar la renta de la oficina directamente proporcional al tamaño. Una oficina de 420 pies cuadrados paga $1260.00 mensuales. ¿Cuál es la función lineal de variación?

Solución:

En este problema piden la función que representa cualquier instancia. Como la variación es directa se expresa de la siguiente forma. R = KA R = renta K = constante de variación A = área.

Para buscar K se sustituyen los valores dados en

R/A = K * 1260/420 = K = 3

Interpretación:

La función es: R = 3A

Ejemplo # 4

En otros casos, la variación no es constante y la forma de buscar la función lineal no es tan sencilla.

La velocidad a la que palpita el corazón de un individuo se expresa como función de el tiempo que la persona pasa ejercitándose en una máquina de caminar. Las palpitaciones de una persona midieron 78 por minuto después de 2 minutos y 86 por minuto después de 4 minutos. Exprese las palpitaciones como función del tiempo.

Solución:

Sabemos que la forma de expresar una funcion lineal es Y = MX + B; donde Y es la variable dependiente, M es la pendiente, X es la variable independiente y B el intercepto en Y. Como aquí las palpitaciones dependen del tiempo llamemos a esta variable H y al tiempo T. Entonces tenemos H = MT + B

El problema establece que H = 78 para T = 2 y H = 86 para T = 4. En otras palabras podemos establecer los pares ordenados (2, 78) y (4, 86). De aquí que M = (86 - 78)

(4 - 2) = 4 entonces H = 4T + B sustituyendo T y H tenemos

$$86 = 4(4) + B$$

$$86 = 16 + B$$

$$70 = B$$

Conclusión:

La función que se está buscando es H = 4T + 70. Con esta función puedo buscar las palpitaciones para cualquier tiempo dado.

Resuelve los problemas llevando a cabo los pasos indicados.

Problema # 1

Expresa el perímetro P de un cuadrado como función de la medida de su lado l. Busca P si l = 4 pulgadas.

Solución:

1. Establece la relación entre el perímetro y el lado.

2. Sustituye el valor o valores dados.

Conclusión

Problema # 2

Expresa el sueldo de un empleado como función de las horas H, que trabaja. ¿Cuantas horas trabajó un empleado que ganó $150.00 en una semana si le pagan a $15.00 la hora?

Solución:

1. Establece la relación entre el sueldo y las horas .

2. Sustituye el valor o valores dados.

Conclusión

Problema # 3

El costo de imprimir un libro en la imprenta ABC se calcula en función de la cantidad de páginas del libro. Un libro, de 400 páginas vale $8.60 y uno de 580 páginas vale $12.20. Exprese la función lineal que usa la imprenta para calcular el costo de cada libro. ¿Cuánto costará imprimir un libro de 350 páginas?

Solución:

1. Establece la función lineal usando Y = MX + B. Recuerda que Y = Costo y X = Páginas

2. Busca M usando los valores para establecer dos pares ordenados.

3. Busca B sustituyendo C y P por alguno de los valores dados.

4. Establece la función.

5. Busca el Costo del libro con 350 páginas.

Conclusión

El costo será _____

Problemas de Práctica

1. Melisa quiere establecer una función que le sirva para distintos empleados quienes trabajarán un número variable de horas. El sueldo por hora será $14.50 ¿Cómo es la función?

2. Mindi sabe que el costo de la luz varía directamente con el consumo en kilovatios. Ella recibe una lectura para el mes de septiembre de 630 kh y quiere saber a cuanto ascenderá la cuenta. Busca el talonario del mes de agosto y se entera que pagó $60.00 por 540 kh. ¿Cuánto pagará Mindi en septiembre?

3. La cantidad de pan que se consume semanalmente en una casa para personas sin hogar varía directamente con la cantidad de personas que viven en la casa. si 6 personas consumen 4 libras de pan a la semana. ¿Qué función debe estabecer el administrador de la casa para poder calcular la cantidad de pan que debe comprar semanalemente.

4. A una velocidad constante la distancia que recorre un auto varía directamente con el tiempo. Si un auto recorre 110 millas en 2 horas, ¿Cuántas recorrerá en 3 horas y 30 minutos?

5. Para que una persona se emborrache con licor, el número de tragos de 1.5 onzas de alchol varía con su peso. En un laboratorio quieren establecer una función que permita predecir cuantos tragos intoxican a una persona dado su peso. Los datos existentes indican que una persona que pesa 100 lbs. se intoxica con 3 tragos. ¿Cómo será la función apropiada?

6. Si se usa la función desarollada en el problema 5. Determine cuantos tragos intoxican a un hombre que pesa 250 libras.

7. La absorción de luz de un compuesto es directamente proporcional a su concentración. Cuando la concentración es de .025 unidades, la absorción es de 0.56. ¿Cuánto sera su absorbencia cuando la concentración sea .016 unidades?

8. Una casa editora usa una función lineal para determinar el costo de ciertos libros de cocina. El costo de los libros varía con su peso. Por un libro que peso 2 lbs. se cobran $5.50 y por uno que pesa 3 lbs. se cobran $6.00 ¿Cuál es la función?

9. Si el peso de los libros de cocina fluctúa entre 2 lbs. y 5 lbs. entre qué dos valores fluctúa el precio.

10. El dueño de Carolina Piedras cobra $120.00 por rellenar 9 yardas cúbica de terreno, y $10.00 extra por cada yarda cúbica adicional. Exprese el costo de rellenar un pedazo de terreno como función de la cantidad de yardas cúbicas a rellenar. Asuma que el tamaño mínimo de terreno que se rellena es de 9 yardas cúbicas.

SOLUCIONES PAGINAS 124-126

MODULO 9

Funciones Cuadráticas

Problemas que se resuelven a través de funciones cuadráticas.

Fase de Instrucción

Hay veces que una cantidad varía como función del cuadrado de otra cantidad. Estas funciones se llaman cuadráticas.

Existen casos clasicos de esta situación. Como el caso de la posición que tiene un cuerpo tirado hacia arriba con respecto al tiempo ó el caso conocido como caida libre. También hay problemas de variación directa que, expresan cuadráticos. Veamos algunos ejemplos:

Ejemplo # 1

Sara entiende que la cantidad de errores que comete al escribier a máquina varía directamente con el cuadrado de la velocidad con que escribe. Si comete dos errores cuando escribe 40 palabras por minuto, ¿Cuántos errores comete cuando escribe 80 palabras por minuto?

Solución:

1. Primero se establece la función buscando la constante de variación. $E = KV^2$
   $E = 2$ Si $V = 40$ tenemos que $2 = 1600K$ $2/1600 = K = 1/800$ quiere decir que
   $E = /800V^2$ función cuadrática.

2. Para $V = 80$ $E = 1/800(80)^2 = 6400/800 = 8$

Conclusión:

A 80 palabras por minuto Sara comete 8 errores.

Ejemplo # 2

La posición de un objeto disparado hacia arriba con una velocidad inicial Vo desde una altura inicial So se define como función del tiempo de la siguiente forma.

$S(T) = -16T^2 + VoT + So$

Ejemplo:

Un objeto es disparado desde el suelo $So = 0$ a una velocidad inicial de 64 pies por segundo. ¿Cuál es la altura del objeto a los 2 segundos?

Solución

función: $Vo = 64$ $So = 0$

$S(T) = -16T^2 + 64T$ para $T = 2$

$S(2) = -16(4) + 64(2)$

$-64 + 128 = 64ft.$

Conclusión

A los 2 segundos el objeto está a 64 pies.

Ejemplo # 3

Un horticulturista determina que el número de pulgadas que aumenta el radio del tronco de un árbol en un año es función de la cantidad de lluvia (V) que cae anualmente. Esta función es la siguiente. $T(V) = -.02V^2 + V + 1$ La cantidad de lluvia máxima V en un año es de 50 pulgadas. ¿Cuál es el crecimiento del tronco de un árbol para esta cantidad de lluvia?

Solución

$T(50) = -.02(50)^2 + 50 + 1$

$\qquad -.02(2500) + 50 + 1$

$\qquad -50. + 50 + 1$

$T(50) = 1$ pulgada

Conclusión

Para 50 pulgadas de lluvia el crecimiento es de 1 pulgada.

Resuelve los problemas siguiendo los pasos indicados

Problema 1

La distancia que recorre una bola, que rueda por un plano inclinado varía directamente con el cuadrado del tiempo que está en movimiento. Si la bola rueda 3 metros durante los primeros 2 segundos, ¿Cuánto más lejos rodará durante los próximos 2 segundos?

Solución

1. Establece la función y determina la constante de variación.

2. Resuelve sustituyendo el valor dado.

Conclusión

Establece una conclusión de acuerdo al valor encontrado.

Problema 2

La ganancia semanal en miles de dolares obtenida por una compañía que vende casetas prefabricadas esta dada por una función cuadrática: Esta función es $P = -X^2 + 16X -24$; X es la cantidad de casetas que se producen. La empresa tiene gastos semanales de $35,000.00. ¿Cuántas casetas se deben producir para que sobren $5,000.00 después de cubrir los gastos?

Solución

1. La función esta dada por_____

2. La producción requerida es de_____

Conclusión

Problema 3

Un proyectil es disparado desde la tierra a una velocidad inicial de 96ft/seg. Busque la posición del proyectil a los 3 segundos. Recuerde que $S = -16T^2 + V_oT + S_o$ Donde S es posición o distancia. V_o es velocidad inicial. S_o es posición inicial.

Solución

1. Establece la función.

2. Sustituye el valor dado y resuelve.

Conclusión

La posición del proyectil a los 3 segundos es _____

Problemas de Práctica

1. La distancia que recorre un objeto que cae libremente se expresa en función del tiempo. $S = 16T^2$ Si un objeto cae desde un edificio que mide 1000 pies de alto, ¿Cuánto tiempo le toma caer a la tierra?

2. El mismo objeto del problema 1, llevará cuanto tiempo en el aire cuando falten 200 pies para llegar a la tierra.

3. El área de una esfera varía directamente con su radio al cuadrado. Si el área de una esfera es 62.83 pulgadas cuadradas cuando el radio es 5 pulgadas. ¿Cuál será el área de la esfera si el radio es de 12 pulgadas. (Recuerda la constante de variación)

4. La ganancia en miles de dólares de un vendedor de automóviles esta dada por la función cuadrática $f(X) = X^2 -10X -4$. X es la cantidad de autos vendidos. ¿Cuántos autos debe vender para obtener una ganancia de $20,000.00?

5. Si una persona tira un objeto hacia abajo con una velocidad inicial de V_o, la posición del objeto en pies se expresa en función del tiempo de la siguiente forma. $S = 16T^2 + V_oT + S_o$ Juan tira una piedra desde un edificio de 100 pies a una velocidad inicial de 10 pies/segundos, ¿Cuánto tiempo tiene Sonia para quitarse de forma que no le dé la piedra? (Juan no sabe que Sonia esta abajo)

SOLUCIONES PAGINAS 126-127

MODULO 10

Funciones Racionales

Problemas que se resuelven a través de funciones racionales.

Fase de Instrucción

Los problemas clásicos que se resuelven a través de funciones racionales son los llamados problemas de variación inversa.

Decir que dos cantidades varían inversamente es decir que mientras una aumenta la otra disminuye de forma constante.

Estos problemas como los de variación directa se resuelven buscando primero la constante de variación, y estableciendo luego la función que se usa para resolver otras instancias. Estos problemas se te parecerán a los resueltos en el módulo de razones y proporciones, pero aquí se analizan desde la perspectiva de función.

Veamos algunos ejemplos de la función racional.

Ejemplo # 1

Represente la función que expresa el tiempo como función de la velocidad para un auto que viajará 150 millas. $T = 150/v$ (Función Racional) 150 es la constante de variación.

Ejemplo # 2

La demanda por un libro de arte varía inversamente con el precio por libro. Si 6000 volúmenes se venden por $24.00 ¿Cuántos se venderán a $18.00?

Solución:

Demanda = K/Precio (Función Racional)

6000 = K/24   144000 = K

D = 144000/P   D = 144000/18 = 8,000

Interpretación:

A $18.00 se venden 8,000 libros.

Ejemplo # 3

El volumen del gas en un cilindro en una temperatura constante varía inversamente con el peso del pistón. Si el gas tiene un volumen de 6 centímetros cúbicos para un peso de 30 kilogramos, ¿Qué volumen debe tener un gas con un pistón que pesa 20 kilos?

Solución:

V = K/P   (Función Racional)

como V = 6 para P = 30

6 = K/30   K = 180

Quiere decir que V = 180/P

Interpretación:

Para un pistón que pesa 20 kilos V = 18/2 = 9 centímetros   cúbicos.

Resuelve los problemas siguiendo los pasos indicados.

Problema # 1

Una población de insectos varía inversamente con la cantidad de pesticida que se usa para exterminarlos. Si hay 1000 insectos en un campo cuando se usan 40 lbs. de pesticida, ¿Cuántas libras de pesticida se necesitan para disminuir la población a 100?

Solución:

1. Establece la función racional relacionando la variable población con la variable pesticida.

2. Busca la constante de variación K.

3. Establece la función con el valor de K encontrado.

4. Sustituye y resuelve.

Interpretación

Problema # 2

El peso de un cuerpo varía inversamente con la distancia desde el centro de la tierra. Si se asume que el radio de la tierra mide 4000 millas un hombre que pesa 150 libras en la tierra, ¿Cuánto pesará a 1000 millas de la tierra?

Solución:

1. Establece la función racional relacionando la variable población con la variable pesticida.

2. Busca la constante de variación K.

3. Establece la función con el valor de K encontrado.

4. Sustituye y resuelve.

Interpretación

Problema # 3

La resistencia de un alambre eléctrico de largo constante varía inversamente con el cuadrado de su espesor. Cuando el alambre tiene un espesor de .005 pulgadas, la resistencia es de 20 ohms. ¿Qué resistencia tendrá el alambre con un espesor de .01 pulgadas?

Solución:

1. Establece la función racional relacionando la variable población con la variable pesticida.

2. Busca la constante de variación K.

3. Establece la función con el valor de K encontrado.

4. Sustituye y resuelve.

Interpretación

Problemas de Práctica

1. Un vendedor de programas de computadora los vende a un precio inversamente proporcional al número de paquetes vendidos mensualmente. Cuando se venden 900 paquetes mensuales su precio es $80.00 cada uno. ¿Qué función le servirá a este vendedor para evaluar los precios mensuales?

2. La fuerza requerida para levantar un objeto con una palanca es inversamente proporcional al largo de la palanca. Si se usa una fuerza de 2000 libras para levantar un automóvil con una palanca de 2 pies, ¿Qué fuerza se necesita para levantarlo con una palanca de 10 pies?

3. ¿Cuánto tiempo estará en la carretera un auto que va a 85 mi./hr. si cuando va a 75mi./hr. hace el viaje en 2 horas?

4. Don Juan vende ropa de mujer al por mayor y al detal. Cuando vende al por mayor la cantidad de docenas de unas blusas varía inversamente con el precio por blusa. Un comprador puede comprar un máximo de 5 docenas de blusas. Si se compran 2 docenas las blusas cuestan $30.00 cada una, ¿Cuánto costarán las blusas si se compran las 5 docenas?

5. La resistencia de un alambre eléctrico varía directamente con el largo e inversamente con el cuadrado del diámetro. Si un alambre de 20 pies de largo y .1 pulgadas de diámetro tiene una resistencia de 2 ohms, busque la función racional que se puede usar para resolver otras instancias?

SOLUCIONES PAGINAS 127-128

MODULO 11

Funciones exponenciales y logarítmicas

Problemas que se resuelven a través de la función exponencial o logarítmica.

Fase de Instrucción

Los fenómenos que responden a la función exponencial o logarítmica son varios y pertenecen a diferentes áreas de estudio como la biología, sicología, economía, química etc.

El crecimiento de población, la descomposición radioactiva y el interés compuesto son solo algunos ejemplos de problemas que se resuelven usando funciones exponenciales o logarítmicas.

Veamos algunos ejemplos.

Función Exponencial

Crecimiento exponencial $P(t) = P_o e^{kt}$

Esta ecuación representa un modelo de crecimiento exponencial $P(t)$ es la población para tiempo t, Po es la población inicial, y k es la razón de crecimiento exponencial.

Ejemplo # 1

En 1985 la población de un país era 234 millones y la razón de crecimiento exponencial era .8% anual. Escriba la función exponencial que permite calcular el tamaño de la población en cualquier momento dado y calcular el crecimiento esperado desde 1990 hasta el 2000.

Solución

$P_o = 234$ millas   1985 ---> t = 0

$K = .8\% = .008$ 1990 ---> t = 5

$P(t) = 234e^{.008t}$

En 1990, han pasado 5 años esto quiere decir que se sustituye t por 5.

$P(5) = 234e^{.008(5)}$

$\quad = 234e^{.04}$

$\quad = 234(1.0408)$

$\quad = 234.5$

En el 2000 han pasado 15 años por lo tanto t = 15

$P(15) = 234e^{.0008(15)}$

$\quad = 234e^{12}$

$\quad = 234(1.1275)$

$\quad = 263.8$ millones

Conclusión

Desde el 1990 al 2000 la población crecerá 20.3 millones.

Ejemplo # 2

El costo de un sello de Rentas Internas en 1950 era de $0.50. El costo de estos sellos ha aumentado a razón de 3.5% anual. ¿Cuánto costaba un sello de Rentas Internas en 1970? Si la razón de crecimiento no cambia. ¿Cuánto costará en el 2000?

Función $P(t) = .50e^{.035t}$

En el 1970 han pasado 20 años, por lo tanto t = 20

$P(20) = .50e^{.035(20)}$

$P(20) = .50e^{.7}$

$P(20) = .50(2)$

$\quad = 1.00$

En el 2000 han pasado 50 años, por lo tanto t = 50

$P(50) = .50e^{.035(50)}$

$P(50) = .50e^{.75}$

$P(50) = .50(5.75)$

$\quad = 2.88$

Conclusión:

En 1970 el sueldo de los sellos era \$1.00. Si la razón de crecimiento no cambia en el 2000 será \$2.88

Ejemplo # 3

En el 1967 se hizo un transplante de corazón. En el 1980 se hicieron 112 transplantes y en 1987 se hicieron 1418. ¿Cuál es la función exponencial que se podría usar para predecir la cantidad de transplantes que se harán en el año 2000?

Solución:

$P(t) = P_o e^{kt}$ Para t = 0 $P_o = 1$

$P(0) = Po$ $P(t) = e^{kt}$

Busca k usando que para t = 20 (1987) se hicieron 1418 transplantes. Esto es

$1418 = e^{20k}$

$Ln\ 1418 = ln\ e^{20k}$

7.2570 = 20k

$\dfrac{7.2570}{20}$ = k

.363 = k

Conclusión:

La función es $P(t) = e^{.363t}$

Ejemplo # 4

El elemento radioactivo carbón 14 tiene una media-vida de 5570 años. El porciento de carbón 14 presente en los residuos de un animal se puede usar para determinar la edad del animal. ¿Qué edad tiene el hueso de un animal que ha perdido 40% de su carbón 14?

Solución:

Aqui usamos la función exponencial

$P(t) = P_o e^{-kt}$

Función decreciente

Primero se busca k usando el concepto de media vida cuando

$t = 5570 \quad P = \frac{1}{2} Po \quad \frac{1}{2} = e^{-5570k}$

$\frac{1}{2} = e^{-5570k} \qquad -.6931 = -5570k$

$k = .00012$

$P(t) = P_o e^{-.00012t}$

Como el animal ha perdido 40% del carbón 14 le queda el 60%

$60\% \, P_o = P_o e^{-.00012t}$

en $.6 = $ en $e^{-.00012t}$ $-.5108 = -.00012t$

$.6 = {}^{-.00012t}$

t = 4257

Conclusión:

El animal tiene 4257 años.

Función Logarítmica

Una aplicación interesante de una función logarítmica es el del área de la sicología. En una investigación efectuada por los sicólogos Boinstein y Bornstein se llegó a la conclusión de que la función $R(P) = .37\ln P + .05$ da la rapidez del caminar de las personas, en pies, en una comunidad de población P, dada en miles.

Ejemplo # 1

La población en Seattle, Washington es 531,000.00. ¿Con qué rapidez caminan sus habitantes?

$R(531) = .37\ln 531 + .05$

$= .37(6.2748) + .05$

$= 2.37$ ft/sec.

Conclusión:

La rapidez promedio con que caminan los habitantes de Seattle es 2.37 ft./sec.

Resuelve los problemas siguiendo los pasos.

Problema # 1

Si se invierte $2000.00 y en 5 años esta inversión se convierte en $2983.65. ¿Cuánto es k (razón de crecimiento)?

Solución:

1. Usa $P(t) = Poe^{k}kt$ Con $P_o = 2000$
    para $t = 0$

2. Sustituye para $t = 5$ $P(5) = 2983.65$

3. Resuelve para k

Conclusión

Problema # 2

La población del mundo sobrepasó los 5.0 billones en 1987 y la razón de crecimiento fue 2.8% por año. ¿Cuál es la función exponencial de crecimiento? ¿Cuando llegará la población a 6 billones?

1. Usa $P(t) = P_0 e^{kt}$ Asume 1987 como momento inicial

    $t = 0$ Sustituye $k = .028$ para $t = 0$

2. Busca t para $P(t) = 6$

Conclusión

Problema # 3

La población en San Juan en P.R. son 800,000.00. A que velocidad camina la gente en San Juan?

Solución:

1. Establece la fórmula

2. Sustituye y resuelve

Conclusión

Problemas de Práctica

1. El costo de una barra de chocolate Hershey en el 1962 era de 5 centavos y la razón de crecimiento de este costo de 9.7% Busque la función exponencial que describe el crecimiento del costo de la barra de chocolate.

2. ¿Cuánto costará una barra de chocolates Hershey en el año 2000?

3. El índice de precio del consumidor se toma como lo que se podrá comprar en el 1967 con $100.00 usando como promedio la razón de crecimiento de 6%; busque la función exponencial que describe la razón de crecimiento del índice de precio del consumidor.

4. ¿Cuál será el índice de precio del consumidor en el año 2000?

5. Si Carmen Ana al nacer su nieto deposita $10,000.00 en una cuenta de interés compuesto al 9% anual calculando continuamente para su educación universitaria. ¿Cuánto dinero tendrá éste a los 18 años?

6. La pintura de Van Gogh, Irises, se vendió en 1947 en $84,000.00 y en 1987 en $53,000,000.00 ¿Cuánto costará el día de hoy?

7. La pérdida de peso de un animal que padece de hambre esta dada por la función: $w(t) = w_o \, e^{.006t}$ wo es el peso inicial y t son los dias. Si el peso inicial del animal es de 200lbs., ¿Cuántas libras perderá en 20 días?

8. ¿Cuán viejo es un pedazo de madera que ha perdido 10% de su carbón 14?

9. La población en la ciudad de Roma en N.Y. es 50,400.00 ¿A qué velocidad camina su gente?

10. ¿Quién camina más ligero la gente en Seattle ó la gente en San Juan P.R.? Asume la población de San Juan es de 800,000.00 habitantes.

SOLUCIONES PAGINAS 128-129

MODULO 12

Sistemas de ecuaciones

Problemas que se resuelven usando sistemas de ecuaciones Fase de Instrucción

Los problemas verbales que se resuelven a través de sistemas de ecuaciones lineales con dos desconocidas se reconocen porque hay dos cantidades relacionadas entre sí que se identifican fácilmente al leer el problema. El problema también expone las formas en que se relacionan estas cantidades y la meta o resultado requerido.

Ejemplo # 1

La suma de dos números es 49, y su diferencia es 7. Busca los números.

Es obvio que el problema habla de dos números que no conoces. Para poderlos buscar te expone la relación o relaciones que existen entre estas dos cantidades. Se debe recalcar el hecho de que se establecen dos relaciones entre las cantidades desconocidas. Este hecho permite escribir dos ecuaciones relacionando las cantidades desconocidas y hacer un sistema.

1) Las dos desconocidas las llamaremos A y B.

2) Las relaciones se expresan de la siguiente manera:

La suma de dos números es 49 $A + B = 49$

su diferencia es 7 $A - B = 7$

Como ves, escribir el sistema no es otra cosa que traducir las frases que expresan la relación en ecuaciones matamáticas.

Para resolver el sistema simplemente aplicas el método más conveniente de los ya aprendidos. Usando el método de suma obtenemos lo siguiente:

$$A + B = 49$$

$$\underline{A - B = 7}$$

$$2A = 56$$

$$A = 56/2 = 28$$

$$28 + B = 49 \quad B = 49\text{-}28 = 21$$

3) La meta de este problema o el resultado requerido era buscar las cantidades desconocidas. Estas cantidades son 28 y 21.

Ejemplo # 2

Un vendedor de efectos deportivos vendió un día dos cañas de pescar y cinco caretas de buceo por $270. Al día siguiente vendió cuatro cañas de pescar y dos caretas de buceo por $220. Su vecino le preguntó el precio de las cañas de pescar y de las caretas de buceo, pues estaba interesado en comprar ambas para llevarlas a sus vacaciones. El vendedor, que gustaba de resolver problemas matemáticos, en vez de decirle los precios, le contó lo de sus ventas los dos días anteriores y le pidió que identificara los precios de ambos efectos. Veamos como procedió el vecino.

Primer paso:

Identificó las cantidades desconocidas, las dos relaciones y la meta del problema.

DESCONOCIDAS
Costo de las cañas de pescar.
Costo de las caretas de buceo.

RELACIONES
Dos cañas más cinco caretas cuestan $270
Cuatro cañas más dos caretas cuestan $220

META
Ambos precios.

Segundo paso:

Tradujo el problema a lenguaje matemático.

Costo de las cañas de pescar: P
Costo de las caretas de buceo: B

$$2P + 5B = 270$$
$$4P + 2B = 220$$

Tercer paso:

Aplicó un método conveniente para resolver el problema.

$4P + 10B = 540$	multiplica primera por 2
$-4P - 2B = -220$	resta segunda ecuación
$8B = 320$	$B = 320/8 = 40$
$4P + 10(40) = 540$	sustituye B por 40
$4P = 540 - 400 = 140$	
$P = 140/4$ $P = 35$	

Cuarto paso:

contestó el problema.

Las cañas de pescar cuestan $35
Las caretas de buceo cuestan $40

Ejemplo # 3

A Laura le ofrecen la posición de administradora de un edificio. La persona que ocupa esta posición también vive en el edificio y sólo paga tres cuartas partes de la renta. En el edificio viven cinco familias adicionales al administrador. La suma de la renta de los seis apartamentos es de $2,070 Laura sólo puede pagar un máximo de $300 de renta, ¿le convendrá el trabajo de administradora?

Primer paso:

Identificar las dos cantidades desconocidas, las dos relaciones dadas y la meta.

1) Las dos cantidades desconocidas son: la renta que paga el administrador y la renta que pagan los otros inquilinos.

2) Las dos relaciones dadas son: el administrador paga 3/4 de la renta que pagan los otros, y la sumas de la renta de los seis apartamentos es $2,070.

3) La meta del problema en realidad es saber cuánto paga el adminstrador para poder decidir si a Laura le conviene aceptar el trabajo.

Segundo paso:

Traducir el problema a lenguaje matemático.

Problema # 2

Julio Cruz es el administrador de una tienda de ropa de caballeros. Un viernes al hacer inventario se da cuenta que no puede determinar la cantidad de pañuelos vendidos durante esa semana. La única información que tiene es que se vendieron en total 50 pañuelos por 307.50 y que el precio de los pañuelos blancos es $4.95, y el de los pañuelos en colores es $7.95. Se da cuenta que con esta información puede determinar la cantidad vendida de ambos pañuelos.

*Primer paso:

Identifica las cantidades y escríbelas.

   1)

   2)

Identifica las dos relaciones y escríbelas.

   1)

   2)

Identifica la meta y escríbela.

   Meta)

*Segundo paso:

Expresa las desconocidas usando variables.

   1)

   2)

Escribe las relaciones que representan las dos relaciones.

   1)

   2)

Resuelve el sistema de ecuaciones por algún método conveniente.

*Tercer paso

Expresa el resultado correspondiente a la meta.

Problema # 3

En el grupo de Matemática 102 del Profesor Sánchez se compite por puntos cada vez que se resuelven problemas verbales. El grupo esta dividido en pequeños equipos, cada vez que un equipo resuelve correctamente un problema y los otros equipos fallan este recibe 2 puntos. Cuando los equipos quedan empate, cada uno recibe 1 punto. Durante un semestre uno de los equipos le ganó a los demás obteniendo 60 puntos. Este equipo quedó primero 9 veces más de las que empató. ¿Cuántas veces ganó y cuántas veces empató?

*Primer paso:

Identifica las cantidades desconocidas y escríbelas.

1)

2)

Identifica las relaciones y escríbelas.

1)

2)

Identifica la meta y escríbela.

Meta)

*Segundo paso:

Expresa las desconocidas usando variables.

1)

2)

Escribe las ecuaciones que representan las dos relaciones.

1)

2)

Resuelve el sistema de ecuaciones por algún método conveniente.

*Tercer paso:

Expresa el resultado correspondiente a la meta.

Problemas de Práctica

Resuelve los siguientes problemas usando la misma táctica practicada. Lleva a cabo cada uno de los pasos en el mismo orden.

1. La suma de lo que Pedro ganó y Juan perdió en las picas es -47. Si a lo que ganó Pedro se le resta lo que perdió Juan el resultado es 52. ¿Cuánto fue la ganancia de uno y la pérdida del otro?

2. La clase graduanda va a hacer una comida criolla para recaudar fondos. Para tener una idea de la cantidad de comida que deben preparar buscan datos sobre la actividad del año anterior. El presidente de la clase averigua que el año anterior se vendieron 250 entradas, a $2.00 las de adultos y a $1.50 las de niños. Además, la cantidad recaudada fue $441. Si para este año se espera más o menos la misma cantidad de personas, ¿cuántos adultos y cuántos niños deben esperar?

3. Justo quiere hacer una cancha de baloncesto en su casa, pero no sabe si puede fabricar una cancha estándar. Llama a la Federación de Baloncesto y le dicen que la cancha estándar tiene 44 pies más de largo que de ancho y un perímetro de 288 pies. El terreno que Justo tiene asignado para la cancha mide 150 p/c. ¿Podrá Justo fabricar la cancha en este terreno?

4. Piro encestó 18 veces en un juego de baloncesto para un total de 30 puntos. Las tiradas de campo valen 2 puntos y las tiradas libres 1 punto. Su papá le había ofrecido $2.00 por cada tirada de campo y $1.00 por cada tirada libre. ¿Cuánto dinero recibió Piro?

5. El grupo musical RESCATE está planificando un concierto y necesita saber cuántas entradas debe mandar a imprimir. Las entradas se venden a $3.00 para el público en general y a $2.00 para estudiantes. En el concierto anterior vendieron el doble de entradas de público en general que de estudiantes y recaudaron $824. ¿Cuántas vendieron de cada una? ¿Cuántas vendieron en total? Si para este concierto piensan hacer más promoción entre los estudiantes para que al menos asista igual número de estudiantes que público en general, ¿cuántas entradas deben mandar a imprimir?

6. Cuca se pegó en la LOTO y su primer cheque le llego por $30,000. Como en el momento los intereses estaban sólo al 5%, ella invirtió parte del dinero y guardó la otra parte esperando que los intereses subieran. Al poco tiempo Cuca logró invertir el resto al 10% de interés. Estas dos inversiones producen a Cuca $2,300 al año. ¿Cuánto invirtió Cuca en cada tasa de interés? ¿Habrías hecho tú lo mismo? Explica porqué.

7. Tuto compra todos los días en la cantina de la escuela galletitas Oreo, y bombones de menta. Su mamá va a hacer galletas para venderlas en una feria y quiere saber cuánto paga Tuto por las galletas. Tuto no sabe el precio de las galletas, pero le dice a su mamá que un día por 4 galletas y 3 bombones había pagado 48

centavos y otro día por 3 galletas y 2 bombones había pagado 34 centavos. ¿En cuánto venderá la mamá de Tuto las galletas? Si a Tuto le dan 50 centavos diarios, ¿qué le conviene más gastar el dinero en galletas o en bombones?

8. Axel es disk jokey en una estación de radio. El tiene que poner 12 comerciales cada hora. Cada comercial es de 30 o de 60 segundos. Si el tiempo para comerciales es 10 minutos de cada hora, ¿cuántos comerciales de 30 segundos y cuántos de 60 segundos debe poner Axel cada por hora?

9. La compañía Maderas Utuado produce pedazos de madera o paneles. En un sólo día la compañía produce un total de 400 unidades. La ganancia es de $20 por unidad de madera y $30 por unidad de panel. ¿Cuántas unidades debe la compañía producir y vender de cada clase para lograr una ganancia de $11,000?

10. Lucas tiene una promoción, en su tienda, de gafas y teléfonos para cada cliente que haga una compra de $200.00 ó más. El cliente escoge su premio. A lucas le cuestan las gafas $8.50 cada una y los teléfonos $8.00. En una semana hubo 62 compras de más de $200.00 y su inversión en premios fue $516.00 ¿Qué le gustó más al cliente las gafas o los teléfonos?

SOLUCIONES PAGINAS 130-136

SOLUCIONES

OPERACIONES BASICAS

Fase de Inducción

Problema # 1

1. Saber que fracción del bono total repartió a su hermana
2. El total del bono
3. Multiplicación, suma y división
4. $(75 \times 2) + 150 = 300$

   $150/300 = 1/2$

   Le dio 1/2 del bono a su hermana.

Problema # 2

1. Saber cuánto va a recibir al vender los libros.
2. El costo original de los libros.
3. el 15% del costo original.
4. Multiplicación y resta.
5. $(138.75)(0.15) = 20.81$

   $138.75 - 20.81 = 117.94$

   Corín recibirá $117.94 al veder los libros.

Problema # 3

1. Sacar la diferencia entre prómedio antes y después del último examen.
2. 6 notas
3. El promedio de las 5 notas y luego de las 6.
4. Suma, división y resta.
5. $\dfrac{93 + 89 + 72 + 80 + 96}{5} = 86$

   $\dfrac{93 + 89 + 72 + 80 + 96 + 100}{6} = 88.33$

   $88.33 - 86 = 2.3$ su promedio subirá 2.3 puntos.

Problema # 4

1. Saber cuántos huevos se necesitan.
2. Los huevos para 30 personas.
3. La razón de huevos por persona.
4. División y multiplicación.
5. 12h/30p = 2/5 o sea 2 huevos por cada 5 personas.

   20 ÷ 5 = 4   4 x 2 = 8

   Ella debe usar 8 huevos en la receta para 20 personas.

Problemas de Práctica

1. 27.75 + 25.00 + 40.00 = 92.75

   100 - 92.75 = 7.25

   Su papá tuvo que darles $7.25.

2. Cada mes tiene 4 semanas

   3 x 4 = 12   12 x 3 = 36

   Sí, logrará su objetivo.

3. 30 x 8 = $240.00

4. 5 x 8 = $40.00

5. (1,000,000)(0.75) = 750,000 a la esposa

   1,000,000 - 750,000 = 250,000

   250,000/3 = 83,333.33 a cada hijo.

6. 170 x 4 = 680

   680 - 375 = 305

   305/4 = $76.25 les queda para divertirse.

7. Suma de preguntas 3 + 2 + 2 + 1 + 5 = 13   20 - 13 = 7

   3(0) + 2(1) + 2(2) + 1(3) + 5(4) + 7(5) = 64

   De 5 puntos. Sacó 64 en el examen.

8. F1 $\dfrac{98 + 57 + 79}{3}$ = 78   P$_1$ $\dfrac{87 + 75 + 86}{3}$ = 82.6

   F2 $\dfrac{98 + 57 + 79 + 88}{4}$ = 80.5   P2 $\dfrac{87 + 75 + 86 + 83}{4}$ = 82.75

   Pedro gana en ambas ocasiones.

9. $1/5 + 2/3 = 3/15 + 10/15 = 13/15$ de un bizcocho.

10. $(5)(0.02) = 0.10 \quad (10)(0.03) = 0.30$
    $5 + .10 + 10 + .30 = 15.40$

ECUACIONES LINEALES

Fase de Inducción

Problema # 1

1. Lo que ganó en la primera carrera.
2. 1era. = x
3. $x = 2(10) + 5$
4. $x = 25$
5. Iván ganó $25.00 en la primera carrera

Problema # 2

1. El costo de las carreras en machina.
2. m = costo de cada carrera en machina.
    2m = costo de entrada.
3. $6m + 2m + 2 = 10$
4. $8m = 8$
    $m = 1$
5. Como cada carrera vale $1.00, y María se quiere montar en 2 carreras más su papá tendrá que darle $12.00

Problema # 3

1. El interés de la cuenta.
2. I = interés
3. $12,500 + 12,500 (I) = 13,456$
4. $12,500 (I) = 956$
    $I = 956/12,500 = 0.07648$
5. La cuenta estaba al 7.648%

Problema # 4

1. El % de descuento.
2. D = % de descuento.
3. 55 - 55 (D) = 40
4. -55 (D) = -15
    D = -15/-55 = 0.2727
5. La blusa estaba al 27.27% de descuento.

Problema # 5

1. La cantidad de desinfectante al 4% necesaria.
2. D = pintas de desinfectante al 4%
3. (20)(0.30) + D(0.04) = (0.12)(D + 20)
4. 6 + 0.04D = 0.12D + 2.4
    6 - 2.4 = 0.12D - 0.04D
    3.6 = 0.08D
    D = 3.6/0.08 = 45
5. Se le deben añadir 45 pintas de desinfectante al 4%

Problema # 6

1. La cantidad de jalea a ambos %
2. Al 70% = x al 30% = 1200 - x
3. .70x + .30(1200 - x) = 1200 (.55)
4. .70x + 360 - .30x = 660
    .40x = 300
    x = 300/.40 = 750
5. Se deben mezclar 750 litros de jalea al 70% de azucar y 1200 - 750 = 450 litros de jalea al 30% de azucar.

Problemas de Práctica

1. Ganancia por cada gafa es de 10 - 6 = $4.00
    4x = 80,000 + 60,000
    x = 35,000
    Se deben producir 35,000 gafas al año.

2. x = costo de camisetas x - 5 = costo de pantaloncitos
    3x + 2(x - 5) = 50

2. x = costo de camisetas x - 5 = costo de pantaloncitos

   $3x + 2(x - 5) = 50$

   $3x + 2x - 10 = 50$ $5x = 60$ $x = 12$

   Las camisitas le costaron $12.00 y los pantaloncitos

   $12 - 5 = 7.00

3. $J = 171$ $C = 2(J) + 50$

   $J + C = 171 + 2(171) + 50 = 563.00$ semanales

   $(563)(4) = 2252.00

4. $11 + .15 (11) = 12.65$

   $12.65 = .80p$

   $P = 18.81$

5. $(6)(0.65) = 3.9$

   $3.9x = 120$ $x = 120/3.9 = 30.7$

   Tendrá que vender 31 pisapapeles.

6. $(81.5)(.75) + x(.25) = 80(1.0)$

   $x = \dfrac{80(1.0) - (81.5)(.75)}{0.25} = 75.5$

7. $x(0.0785) + (50,000 - x)(0.1135) = 4975$

   $0.0785x - 0.1135x = -700$

   $x = -700/-0.035 = 20,000$

   Invirtió 20,000 al 7.85% y 30,000 al 11.35%

8. $(10,000)(0\%) + x\,100\% = (10,000 + x)\,10\%$

   $(1.0)x = (10,000)(.1) + .1x$

   $.9x = 1000$

   $x = 1000/.9 = 1111.11$ galones

9. $(1L)(.10) + xL(.0) = (1 + x)(0.02)$

   $.10L = 0.02 + 0.02x$

   $.08L = 0.02x$ $x = 0.08/0.02 = 4$ litros

10. $.20x + (450 - x).05 = 450(.10)$

    $.20x + 22.5 - .05x = 45$

    $.15x = 22.5$

    $x = 150$

    Mezclará 150 libras de carne al 5% grasa y 300 libras de carne al 20% grasa.

FORMULAS

Fase de Inducción

Problema # 1

1. Area = (l)(a)
2. l = 5 pies   a = 3 pies
3. Cantidad de tela que necesita.
4. A = (5)(3) = 15p^2 (para cada ventana)
   Necesitará 2 veces el area para cada ventana (3) o sea
   (15p^2)(2)(3) = 90^2 pies de tela.

Problema # 2

1. Velocidad = v   distancia = d v = d/t ; d = vt
2. Las velocidades fueron de 50 millas/horas por 2 1/2 hora y   55m/m por 2 horas
3. La cantidad de millas total para calcular el costo total.
4. Distancia Ida = d: d_1 = 50mi/hr x 2.5hr = 125 millas
   Distancia Veta = d2 d_2 = 55mi/hr x 2hr. = 110 millas
   125 + 110 = 235mi 235 x .10 = 23.50
   El costo total fue de 23.50 + 20 = $43.50

Problema # 3

1. A = la
2. 40 pies largo y 30 de ancho.
3. El área total para calcular el área disponible para los costos.
4. A = 40 x 30 = 1200^2 pies.
   1200 - 300 (espacio libre) = 900 pies^2
   900/15 = 60
   Carmelo podrá acomodar 60 autos.

Problema # 4

1. A = 1/2 bh (b = base y h = altura) A = altura de un triángulo
2. Base = 12 altura mide 18 (en pulgadas)
3. El área de cada banderil para calcular el área de 500.
4. A = 1/2 (1)(1.5) = 0.75 pies^2 (0.75 pies^2)(500) = 375 pies^2 Se cambia de pulgadas a pies.

116

Problemas de Práctica

1. $I = Prt$ $T = 3$ meses $= 0.25$ años
   Cantidad que se debengará de intéres es de 200.
   x = la cantidad depositada
   $200 = x (0.0875)(0.25)$ El 0.25 es porque es 1/4 parte del año. $x = 200/(0.0875)(0.25) = \$9142.86$
   $9142.86/45 = 203.17$ c/u debe aportar 203.17

2. Densidad = masa/volumen $D = M/V$ $M = DV$
   Densidad del oro $= 19.3$ g/m
   $M = (19.3g/ml)(1.5ml) = 28.95g$ de oro.

3. $V = 1/3 \, \P \, r^2 \, h$ $V = 1/3 \, \P \, (2.54cm)^2 (5.08cm)$
   $V = 34.32$ cm$^3 = 34.32$ml $= 0.03432$L
   2 litros/0.03432 litros $= 58.28$
   Se podrán producir 58 limbers.

4. $S = 2(LW + WH + HL)$ L = largo W = ancho H = altura
   Largo $= 2$ pies ancho $= 1$ alto $= 4$
   $S = 2((2)(1) + (1)(4) + (4)(2)) = 28$ pies^2.

5. $V = \P r^2 h$ $V_1 = \P(6)^2 \, 24" = 2714.34$ $V_2 = \P(9)^2 \, 24" = 6107.26$
   $V_t = 2714.34 + 6107.26 = 8821.60$
   $8821.60 = \P \, (r)^2 \, 24"$
   $r = 8821.60/24\P$ $r = 10.82"$
   Como mínimo la pecera nueva debe tener 10.82" de radio.

6. $P = 2L + 2A$
   $76 = 2L + 2(13)$
   $76 - 26 = 2L$ $5P/2 = L = 25$
   El jardín debe tener 25 pies de largo.

7. $I = Prt$ $P = I/rt$ $T = 1$ año $I = 500$ $R = 0.07$
   $P = 500/(0.07)(1) = 7142.86$

8. $I = PRT$
   $I = (1600)(0.09)(1) = 144$
   $144 \times 18 = 2592$ en interés $+ 1600$ tendrá $\$4192.00$

9. $R = 3$ $A = \P r^2$ $A = \P(9) = 28.27$ pies^2

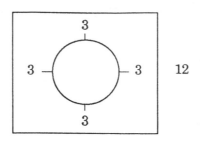

10. $A = h/2 (B_1 + B_2)$

$90 = h/2 (12 + 8) = 18/2 = h = 9$

Debe tener una altura de 9 pies.

ECUACIONES RACIONALES

Fase de Inducción

Problema # 1

1. 1/4.5
2. 1/5.5
3. 1/4.5 + 1/5.5 = 1/t
4. 5.5t + 4.5t = 24.75
5. 10t = 24.75 t = 2.475

Juntas sacarán la orden en _ 2 horas y media.

Problema # 2

1. 1/2
2. 1/t
3. 1/2 + 1/t = 1/.75
4. .75t + 1.5 = 2t ; 1.25t = 1.5 ; t = 1.2

Brenda hará el trabajo en _ 1 hora 12 minutos. No, Brenda quien trabaja más rápido debe recibir más. _ el doble de lo que reciba Rosita.

Problema # 3

1. 1/18
2. 1/22

3. $1/18 + 1/22 = 1/t$

4. $198t (1/18) + 198t (1/22) = 198$; $11t + 9t = 198$;

   $t = 198/20 = 9.9$

   Se tardará 9.9 horas.

Problemas de Práctica

1. $1/3 + 1/t = 1/2$ multiplicado 6x

   $2x + 6 = 3t$; $6 = t$

   Pedro tardará 6 horas y se ganará 6 x 5 = $30.00

2. $1/x + 1/3x = 1$

   $3 + 1 = 3x$ $4 = 3x$ $x = 4/3$

   A Cuco le toma 1 hora 1/3 1 hora y 20 minutos a tono le tomará 3x eso o sea 4 horas debe empezar a las 4:00 a. m.

3. $1/3 + 1/t = 1/1.5$

   $t + 3 = 2t$; $3 = t$

   Su hija debe trabajar tan rápido como ella o sea poder hacerlo sola en 3 horas. (1/3)

4. $1/9 + 1/5 = 1/t$

   $5t + 9t = 45$; $14t = 45$; $t = 3.2$

   Sí podrán cumplir el más o menos en 3 horas 12 minutos.

5. $1/x + 1/4x = 1/8$

   $8 + 2 = x$

   $X = 10$

   A él le tomará 10 días.

DESIGUALDADES LINEALES

Problema # 1

1. Precio que puede tener el terreno.
2. $12,760 + 0.06P + 1400 > P > 12,760 0.06P + 400$
3. $14,160 + 0.06P > P > 13,160 + 0.06P$
4. $14,160 > P - 0.06P > 13,160$

   El precio variará entre: $14,160/0.94 > P > 13,160/0.94$

   $15,063 > P > 14,000$

Problema # 2

1. $70 \le (1/3)56 + (2/3)x \le 100$
2. $210 \le 56 + 2x \le 300$
3. $\le 70 \le 56(1/3) + x(2/3) \le 100$

   $154 \;\le\; 2x \;\le\; 244$

   $77 \;\le\; x \;\le\; 122$

   Tendrá que sacar de 77 a 100 para lograr como mínimo 70.

Problema # 3

1. $B = C - 50 \quad B + 50 = C$
2. $4B < C$
3. $0 < 4B < B + 50 \quad 3B < 50 \quad 0 < B < 16.6$

   El mahón más caro en Merc B es de 16.60

Problemas de Práctica

1. $65 \le 116/3 + x/3 \le 100$

   $195 \le 116 + x \le 300$

   $79 \le x \le 184$ para C

   $80 \le 116 + x/3 \le 100$

   $240 \le 116 + x \le 300$

   $124 \le x \le 184$

   No podrá sacar B.

2. $600 \le 3x + 50 \le 750$

   $550 \le 3x \le 700$

   $183.3 \le x \le 250$

   José debe aportar entre $183.30 y $250.00

3. $60 \le (9/5)c + 32 \le 80$

   $28 \le (9/5)c \le 48$

   $15.6 \le c \le 26.7$

4. $R = E/I \quad E = 110 \quad I \le 10$

   $110/1 \ge R \ge 110/10$

   $110 \ge R \ge 11$

5. $750 - 200 \le x \le 750 - 150$

   $550 \le x \le 600$ Les sobra entre \$550 y \$600 mensuales.

ECUACIONES CUADRATICAS

Fase de Inducción

Problema # 1

         V   T   D
1. Contra V - 3   12/V - 3   12km.
   Favor   V + 3   12/V + 3   12km.
2. $12/V - 3 = 2 + 12/V + 3$

   $(v - 3)(v + 3) [12/V - 3 = 2 + 12/V + 3]$

   $(v + 3) 12 = 2(v - 3)(v + 3) + 12(v - 3)$

   $12V + 36 = 2V^2 - 18 + 12V - 36$

   $2V^2 - 90 = 0$; $V^2 - 45 = 0$; $V^2 = 45$

   $V = \sqrt{45} \approx 6.71k/hr$

   Julián rema aproximadamente 6.71 kilometros por hora.

Problema # 2

1. $P = 2L + 2W$

   $A = LW$
2. $108 = LW$; $42 = 2L + 2W$
3. $L = 42 - 2W/2 = 21 - W$; $108 = (21 - W) (W)$
4. $108 = 21W - W^2$

   $W^2 - 21W + 108 = 0$; $(W - 9)(W - 12) = 0$

   $W = 9$ ó $W = 12$

   Con estos resultados vemos que un lado será de 9 metros y el otro de 12.

Problema # 3

1. $D = 10T^2 + 10T$
2. $560 = 10T^2 + 10T$ 3. $10T^2 + 10T - 560 = 0$

   $T^2 + T - 56 = 0$ $(T + 8)(T - 7) = 0$

   $T = -8$ ó $T = 7$

   La gente tiene 7 segundos para salir de la casa.

1. $A = LA_1$ $A = 15p^2$
   Largo $= A_1 + 2$ $15 = (A_1 + 2)(A^1)$
   $15 = A_1^2 + 2A_1$; $A_1^{2}1 + 2A_1 - 15 = 0$
   $(A_1 + 5)(A_1 - 3)$ $A_1 = -5$ ó $A_1 = 3$
   Como es dimensión tiene que ser perimetro $A = 3$ y
   $L = A/A_1 = 15/3 = 5$

2. $0 = -16T^2 + 15T$
   $0 = 16T^2 - 150T$ $0 = T(16T - 150)$ $16T - 150 = 0$
   $16T = 150$ $T = 150/16 = 9.38$ $T = 0$ ó $T = 9.38$ segundos. Estas dos respuestas nos dan
   los tiempos en que la bola esta en la tierra en $T = 0$ y en $T = 9.38$.

3. $G = -x^2 + 40x - 150$
   $250 = -x^2 + 40x - 150$
   $x^2 - 40x + 400 = 0$
   $(x - 20)(x - 20) = 0$ $x = 20$
   Se deben producir 20 tractores.

4. $0 = 16T(25 - T)$ (h = 0 es la tierra)
   $T = 0$ ó $T = 25$
   La persona tiene 25 segundos para buscar la red.

5. $C = L^2/10 - 3L$; $100 = L^2/10 - 3L$
   $1000 = L^2 - 30L$; $L^2 - 30L - 1000 = 0$
   $(L - 50)(L + 20)$
   $L = 50$ ó $L = -20$
   El largo debe ser de 50.

6.   V   T   D
   Contra V - 3 40/V - 3   40
   Favor V + 3 40/V + 3   40
   $40/V - 3 + 15 = 40/V + 3$ $40V + 120 + 15V^2 - 135 = 40V + 120$
   $15 v^2 - 135 = 0$
   $V^2 - 9 = 0$ $V = \pm 3$
   El rema a 3 km/hr y le tomaría 13.33 horas el viaje. 40km/3km/hr = 13.33

7. $G = x^2 + 16x - 24$
   $40 = x^2 + 16x - 24$
   $x^2 + 16x - 64 = 0$

8. $A1 = 160p^2$ $160 = LA$ $A = 160/L$

$A2 = 250p^2$ $(L + 5)(160/L + 2) = 250$

$160 + 2L + 800/L + 10 = 250$

$160L + 2L^2 + 800 + 10L = 250L$

$2L^2 - 80L + 800 = 0$

$L^2 - 40L + 400 = 0$ $(L - 20)(L - 20)$

$L = 20$ $A = 250/20 = 12.5$

Las dimensiones serán 20 x 12.5 pies.

9. $(x - 4)(x - 4)(2) = 32$ in^3

$(x^2 - 8x + 16) = 16$in^2

$x^2 - 8x + 0 = 0$

$x(x - 8) = 0$

$x = 0$ ó $x = 8$

El pedazo de cartón debe ser 8" x 8"

10. $R(70 - 2(R-250/10) = 17,980$

$700R - 2R^2 + 500R = 179800$

$-2r^2 + 12000r - 179800 = 0$

$R^2 - 600r + 89900 = 0$

Se pueden alquilar a \$290.00 ó a \$310.00

RAZONES Y PROPORCIONES

Fase de Inducción

Problema # 1

1. $4/.89¢$
2. $4/.89 = x/10$
3. $x = 40/.89 = 44.94$

   Se podrán comprar 44 latas de refresco.

Problema # 2

1. $120/1500$ $x/200$
2. $120/1500 = x/200$
3. $x = (120)(20)/15 = 160$

   A Javier debe ahorrar \$160.00 mensuales para el seguro social.

Problema # 3

1. 2 galones/55 largo

   x/100 largo

2. 2/55 = x/100

3. x = 200/55 = 3.64 galones

   El necesitará 3.64 galones de Pintura ó ≈ 4 galones.

Problemas de Práctica

1. 2/15 = 5/x   2x = 75   x = 37.5 minutos.

2. 30/2 = 12/x ; 30x = 24 ; 24/30 = x ; x = 0.8 taza.

3. 544/85,000 = x/65,000

   x = 416

   Pagará $416.00 de impuestos.

4. 2100/140 = x/165

   x = 2475 calorías.

5. 3/5 = 24/x   x = (5)(24)/3 = 40in.

   x = 40 in.

   x = 3.33 pies

   La altura debe medir 40 pulgadas o 3.33 pies.

FUNCIONES LINEALES

Problema # 1

1. P = 4L
2. P = 4(4) = 16

   La función aquí es P = 4L y para cualquier valor dado de L, P será cuatro veces eso.

Problema # 2

1. S = 15H
2. 150 = 15(H)   H = 10

   El empleado trabajó 10 horas en esa semana.

Problema # 3

1. $C = MP + B$
2. $m = 12.20 - 8.60/580 - 400 = 3.60/180 = 0.02$
3. $8.60 = (0.02)(400) + B$ $B = 8.60$ $8 = 0.60$
4. $C = (0.02)(P) + 0.60$
5. $C = (0.02)(350) + 0.60 = 7 + .60 = 7.60$
   $7.60

Problemas de Práctica

1. $S = f(h) = 14.50h$ donde h = horas trabajadas S = sueldo

2. $60 = k\, 540$ $k = 0.11$
   En septiembre pagará $C = 0.11 (630\, kh) = 69.30$
   $69.30

3. $C = KP$ $K = 4/6 = 2/3$
   $C = (2/3)p$ donde p = cantidad de personas y la unidad sale   en libras de pan. C = cantidad de pan semanal.

4. $D_1 = 110 = k(2)$ $K = 55$ millas por hora
   $D_2 = 55 (3.5$ horas$) = 192.5$ millas recorrerá

5. $3 = k\, 100 lbs.$ $k = 3/100 = 0.03$ tragos
   Cantidad de tragos = $f(p) = 0.03p$ donde p = peso en libras.

6. $f(p) = 0.03 (250) = 7.5$ tragos

7. $0.56 = k\, 0.025$
   $k = 22.4$
   $A = (22.4)(0.016) = 0.358$

8. $5.50 = 2 lbs. (y = mx + B)$
   $6.00 = 3 lbs.$ $m = \dfrac{6.00 - 5.50}{3 - 2} = 0.5$
   $5.50 = (0.5)(2) = B, B = 4.50$
   $C = (0.5)x + 4.50$ donde x = cantidad de lbs.

9. El precio varía entre: $5.50 y $7.00

C = (0.5)2 + 4.50 = 5.50
C = (0.5)5 + 4.50 = 7.00 Varía entre 5.50 y 7.00

10. X = yardas cúbicas de terreno
    C = 10 (x - 9) + 120 y = mx + B
    (en dólares)

FUNCIONES CUADRATICAS

Problema # 1

1. $D = KT^2$ $K = d/T^2 = 3/4$
2. $D = 3/4 \ (4^2) = 12$ metros

    Es necesario tomar el tiempo completo, los 2 segundos primeros y los 2 posteriores para calcular la distancia recorrida en total. 12 - 3 = 9 metros La bola recorrerá 9 metros más.

Problema # 2

1. $P = -x^2 + 16x - 24$
2. 5000.00

    $40 = -x^2 + 16x - 24$

    $x^2 - 16x + 64 = 0$ $(x - 8) (x - 8) = 0$ $x = 8$

    La fábrica debe producir 8 casetas semanales para lograr cubrir los 35,000 y que sobren 5,000.

Problema # 3

1. S = Posición $S = -16t^2 + 96$ ft./seg. $t + So$
2. $S = -16(3)^2 + 96(3) + 0 = 144$

    A los 3 segundos el proyectil se encuentra a 144 ft. de altura.

Problemas de Práctica

1. $S = 16t^2$ $1000 = 16t^2$ $t^2 = 1000/16$ $t = \pm \sqrt{62.5} = \pm 7.9$

    Le toma 7.9 (segundos) unidades de tiempo.

2. $800 = 16t^2$ $t = \pm \sqrt{800/16} = 7.1$ unidades de tiempo.

3. $A = Kr^2$ 62.83pulg.$^2 = k^2 5$ $K = 2.51$

    $A = 2.51 \ (12)^2 = 361.44$ pulgadas^2

4. $F(x) = x^2 - 10x - 4$

   $20 = x^2 - 10x - 4$; $x^2 - 10x - 24$ $(x + 2)(x - 12)$

   $x = -2$ ó $x = 12$ el resultado que tiene sentido en el problema es $x = 12$ tendrá que vender 12 autos.

5. $100 = 16t^2 + 10t + 0$ Si divido entre 2 e igualo a 0 queda $8t^2 + 5t - 50 = 0$

   $$t = \frac{-5 + \sqrt{25 - [4(8)(-50)]}}{16} = \frac{-5 + \sqrt{1625}}{16}$$

   = 2.2 segundos

   Se usa la fórmula cuadrática

   $$\frac{-b + \sqrt{b^2 - 4ac}}{2a}$$

FUNCIONES RACIONALES

Fase de Inducción

Problema # 1

1. $P = k/pest.$
2. $K = (1000)(40) = 40,000$
3. $P = 40,000/lbs.\ pest.$
4. $100 = 40,000/x$ $x = 400$

   Se necesitarán 400 lbs. de pesticida para bajar la población a 100.

Problema # 2

1. $P = k/d$
2. $K = PD\ (4000)(150) = 600,000$ 3. $P = 600,000/D$ 4. $P = 600,000/5000 = 120$ lbs.

   El hombre pesará 120 lbs. a 1000 millas. O sea 5000 millas del centro de la tierra.

Problema # 3

1. $R = k/E^z$
2. $K = RE^2 = (20)(0.005)^2 = 0.0005$ 3. $R = 0.0005/E^z$
4. $R = 0.0005/(0.01)^2 = 5$

   Tendrá una resistencia de 5 oohms.

Problemas de Práctica

1. $P = k/n$ $80 = k/900$ $k = 72,000$

   $P = 72000/n$ Donde P es el precio y N el # de paquetes.

2. $F = k/l$ $2000 = k/2$ $k = 4000$

   $F = 4000/10 = 400$ Se necesitará 400 libras de fuerza.

3. $V = d/t$ $75 = d/2$ $d = 150$

   $85 = 150/t = 1.76$ horas $1h = 60$ min. $.76h = 45.6$ min.

   $x = 45.6$ min.   Tardará 1 hora 45.6 min.

4. $C = k/p$ C = cantidad de docenas   P = precio por blusa

   $2 = k/30$ $K = 60$

   $5 = 60/p$ $P = 12$ Cada blusa costará \$12.00

5. $R = K \, L/(d)^2$ L = largo   D = diametro   R = resistencia

   $2 = k \, 20/(0.1)^2$

   $K = \dfrac{(2)(.1)^2}{20}$ $K = (0.001)^{"}$

   $R = (0.001) \, L/d^2$

FUNCIONES EXPONENCIALES Y LOGARITMICAS

Problema # 1

1. $2983.65 = 2000e^{kt}$
2. $2983.65 = 2000e^5 k$ $\dfrac{2983.65}{2000} = e^{5k}$
3. $Ln \, 1.492 = 5k$ $k = 0.08$

   La razón de crecimiento es de 8% cada año.

Problema # 2

1. $P(t) = 5.0e^{0.028t}$
2. $6 = 5.0e^{0.028t}$; $Ln \, 6/5 = 0.028t$ $t = 6.5$ años

   La población llegará a los 6 billones 6.5 años luego de 1987 o sea a mediados del año 1993.

Problema # 3

1. $R(P) = 0.37 LnP + .05$
2. $R(P) = 0.37 \, Ln \, 800 + .05 = 2.52$

   La gente en San Juan camina a 2.52 pies por segundo.

Problemas de Práctica

1. $F(p) = .05e^{0.97t}$ tomando como precio inicial los 5¢

2. $f(p) = .05e^{0.097(38)} = 1.99$

3. $f(c) = 100e^{0}.06t$

4. $f(c) = 100e^{0.06(33)}$

5. $f(c) = 10,000e^{0.09(18)} = \$50,530.90$ tendrá para su educación.

6. $53,000,000.00 = 84,000.00e^{40k}$

   $Ln \, 630.95238 = 40k$ $k = 0.161$

   $f(c) = 84,000.00 \, e^{(45)(0.161)} = \$117,690,000.00$

7. $w(t) = woe^{-0.006t}$

   $w(t) = 200e^{-(.006 \times 20)} = 177.38 lbs.$

8. $P(t) = Po \, e^{-kt}$ carbono 14 tiene 1/2 vida = 5570

   $1/2 = e^{-5570k}$ $k = 0.00012$

   $90\% \, Po = Po \, e^{-.00012t}$ $Ln \, .9 = -0.0012t$

   $t = 87.8$ años

9. $R(P) = 0.37 \, LnP + 0.05$

   $R(P) = 0.37 \, Ln \, (50,400) + 0.05 = 4.06$ pies por segundo.

10. La gente en San Juan camina más rápido según lo calculado anteriormente.

SISTEMA DE ECUACIONES

Fase de Inducción

Problema # 1

Primer Paso
1. Edad de José
2. Edad de María

1. Edad de José + Edad de María = 98
2. Edad de José - Edad de María = 16

Meta: Conocer edad de cada uno.

Segundo Paso
1. Edad de José = J
2. Edad de María = M

1. J + M = 98
2. J - M = 16

Solución

J + M = 98 J = 114/2 = 57
J - M = 16 M = 98 - 57 = 41
2J = 114

Tercer Paso
1. Edad de José es 57 años.
2. Edad de María es 41 años.

Problema # 2

Primer Paso
1. Cantidad vendida de pañuelos blancos.
2. Cantidad vendida de pañuelos de colores.

1. Cantidad de pañuelos blancos + cantidad de pañuelos de colores = 50
2. Costo de pañuelos vendidos blanco + costo de vendidos de colores = 307.50

Meta: Saber cuántos pañuelos de cada tipo fue vendido.

Segundo Paso
1. Cantidad de pañuelos blancos = B
2. Cantidad de pañuelos colores = C

1. B + C = 50
2. 4.95 B + 7.95 C = 307.50

Solución: Multiplicación 4.95(B + C) = 50 (-4.95)

-4.95 B - 4.95 C = -247.50 3C = 60

4.95 B + 7.95 C = 307.50 C = 20

3 C = 60. B = 50 - 20 = 30

Tercer Paso
1. Se vendieron 20 pañuelos de colores y 30 pañuelos blancos.

Problema # 3

Primer Paso
1. Veces que empató
2. Veces que ganó

1. Veces que empató + 9 = veces que ganó
2. (2) veces que ganó + (1) vez que empató = 60 puntos total.

Meta: Conocer cuántas veces empató y cuántas ganó.

Segundo Paso
1. Veces que ganó = G
2. Veces que empató = E

1. E + 9 = G
2. 2 G + E = 60

Solución

G - E = 9   23 - 9 = E = 14

2G + E = 60

3G   = 69 G = 23

Tercer Paso
1. El equipo ganó 23 veces y empató 14 veces.

   $(23 \times 2) = 46$ puntos

   $(14 \times 1) = 14$ puntos

   $ = 60$ puntos

Problemas de Práctica

Ejercicio # 1

1. Desconocidas : Ganancia de Pedro

   Pérdida de Juan
2. Ganancias de P + Pérdida de J = -47

   Ganancias de P - Pérdida de J = 52
3. Conocer cuánto ganó P y cuánto perdió J.
4. Ganancias de P = G

   Pérdida de J = P
5. G + P = -47

   G - P = 52
6. Se resuelve 2 G = 5 G = 2.5 sustituyendo

   2.5 + P = -47   P = -47 - 2.5 = -49.5
7. Pedro ganó 2.5

   Juan perdió 49.5

Ejercicio # 2

1. Cantidad de adultos

   Cantidad de niños
2. Cantidad de adultos + la cantidad de niños = 250. Total de los boletos de adultos + los boletos de niños = \$441.00
3. Encontrar cuántos boletos vendidos fueron a adultos y cuántos fueron de niños.
4. Cantidad de boletos de adultos = A

   Cantidad de boletos de niños = N
5. A + N = 250

   2.00 A + 1.50 N = 441
6. Se multiplica la 1 por -1.5

   -2A - 2N = -500

   2A + 1.5N = 441

   -0.5N = -59   N = -59/-0.5 = 118

   A = 250 - 118 = 132

7. Se esperan 132 adultos y 118 niños.

Ejercicio # 3

1. Largo de la cancha estándar.
   Ancho de la cancha estándar.
2. Ancho + 4 pies = largo
   2 veces el ancho + 2 veces el largo = 288 pies
3. Conocer el ancho y de largo de la cancha estándar y el área y saber si cabe dentro del área del terreno.
4. Ancho = A   Largo = L
5. A - L = -44
   2A + 2L = 288
6. Se multiplica el 1 por 2
   2A - 2L = -88   50 - L = -44
   2A + 2L = 288   50 + 44 = L
       4A = 200   L = 94
        A = 50

Area de la cancha = (50)(94) = 4700 pies². No podrá construirla estandar.

Ejercicio # 4

1. Cuantas tiradas de campo.
   Cuantas tiradas libre.
2. La suma de ambas tiradas es 18. La suma de puntos de la tiradas es 30.
3. Cuántos . . .
4. Tiradas de campo = C
   Tiradas libres   = L
5. C + L = 18
   2c + L = 30
6. Se multiplica 1 por -1
   -C - L = -18   L = 18 - 12 = 6
   2C + L = 30
        C = 12
7. Como el papá le ofreció $2.00 por cada tirada de campo y $1.00 por las libre Piro recibió (12)(2) + (6)(1) = $30.00 de su papá.

Ejercicio # 5

1. Cuántas taquillas de público general y cuántas de estudiantes se vendieron.

133

2. EL total de taquillas vendidas, general y estudiantes sumaron a $824.00. Vendieron 2 veces la cantidad de estudiantes al público general.

3. Saber cuánto de cada una.

4. Cantidad de taquillas de general = G

   cantidad de taquillas de estudiantes = E

5. $2E = G$

   $3G + 2E = 824$

6. Se multiplica por -1 y se cambia de forma;

   $-2E + G = 0$

   $2E + 3G = 824$ $E = 206/2 = 103$

   $\quad 4G = 824$

   $\quad G = 206$

7. Se vendieron 206 taquillas al público general 103 taquillas a estudiantes 309 taquillas en total como piensan que asistiran igual número de estudiantes que público general, esta vez habría que mandar a imprimir

   $(2)(206) = 412$ taquillas.

Ejercicio # 6

1. Cuánto invirtió al 5% y cuánto invirtió al 10%

2. La suma de las dos cantidades invertidas es 30,000. La suma de los intereses que producen es 2,300 al año.

3. Ver la 1.

4. Cantidad invertida al 10% = x

   Cantidad invertida al 5% = y

5. $x + y = 30,000$

   $0.10x + 0.05y = 2,300$

6. Se multiplica 1 por -0.10

   $-0.10x - 0.10y = -3,000$

   $0.10x + 0.5y = 2,300$

   $\quad -0.5y = -700$ $y = -700/-0.5 = 1400$

   $\quad\quad y = 1400$

   $x = 30,000 - 1400 = 28,600$

7. Cuca invirtió 1400 al 5% y 28,600 al 10%

Ejercicio # 7

1. Costo de las galletas.

   Costo de los bombones.

2. El costo de 4 galletas y 3 bombones es de 48¢. El costo de 3 galletas y 2 bombones es de 34¢.

3. Averiguar cuanto cuesta cada galleta y bombón.

4. Costo de cada galleta = G

   Costo de cada bombón = B

5. 4G + 3B = 48

   3G + 2B = 34

6. Se multiplica la 1 por -2 y la 2 por 3.

   -8G - 6B = -96

   9G + 6B = 102

   G = 6

   Usando la 2:

   (3)(6) + 2B = 34

   2B = 34 - 18

   B = 16/2 = 8

7. La mamá de Tuto venderá sus galletas a 6¢. A Tuto le conviene comprar más galletas.

Ejercicio # 8

1. Cantidad de comerciales de 30 segundos.

   Cantidad de comerciales de 60 segundos.

2. La suma de los comerciales de ambas duraciones es 12.

   El tiempo total de los comerciales es de 10 minutos.

3. Ver 1

4. Número de comerciales de 30 segundos = x

   Número de comerciales de 60 segundos = y

5. x + y = 12 para la segunda relación es necesario expresar   todo o en minutos, o en segundos.
   Aquí se expresará en   segundos. (10 minutos = 600 segundos) 30x + 60y = 600

6. Se multiplica la primera expresión por -30

   -30x - 30y = -360

   30x + 60y = 600

   30y = 240   y = 240/30 = 8

   x = 12 - 8 = 4

7. Axel pondrá 8 comerciales de 60 segundos y 4 de 30 segundos.

Ejercicio # 9

1. Unidades de paneles.

   Unidades de maderas.

2. La suma de ambas unidades es de 400. La suma de las ganancias de unidades de madera (20/v) y de paneles (30/v) es de 11,000.00

3. Ver 1

4. Unidades de paneles = P

   Unidades de madera = M

5. P + M = 400

    30P + 20M = 11,000

6. Se multiplica la 1 por -20

    -20P - 20M = -8000

    30P + 20M = 11,000

    10P   = 3,000

        P = 3000/10 = 300

    M = 400 - 300 = 100

7. Se deben producir 300 unidades de paneles y 100 unidades de madera.

Ejercicio # 10

1. G = Cantidad de gafas

    T = Cantidad de telefonos

2. G + T = 62

    G (8.50) + (8.00) = 516

3. -8 G - 8 T = .496

    8.50G + 8 T = 516

        .50G = 20

            G = 40 T = 62 - 40 = 22

4. Al cliente le gustó mucho más las gafas.

REFERENCIAS

Bulenger M., Keedy M., Ellenbogen D. 1990 *Intermediate Algebra: Concepts and Applications* Addison - Wesley Mass.

Correa, A. (1991) *Hacia la exelencia en la enseñanza de la matemática usando pensamiento crítico.* Conferencia Interamericana de Educación Matemática. University of Miami. FL.

Cheng, P., & Holyoak M. (1982). Pragmatic reasoning schemas. *Cognitive Psychology, 17,* 391-416.

Christy D. T. (1988) 4 Ed. *Algebra and Trigonometry* WmC. Brown, Iowa.

Duffild, J.A. (1991) Designing computer software for problem solving instruction. *Educational Technology Research and Development.* V 39 #1.

Dugopolski M. (1991) *Elementary Algebra* Addison Wesley, MASS.

Dugopolski M. (1992) *Algebra for College Students*: functions & graphs Addison Wesley Mass.

Gick, M. L., & Holyoak, K. J. (1983). Schema induction and analogical transfer. *Cognitive Psychology, 15,* 1-38.

Gustafson R. D. Frisk P. D. (1984) *Intermediate Algebra*, Brooks/Cole, CAL.

Hamm, M., & Adams, D. (1988). Problem solving and technology Breathing life into mathematical abstractions. *The Journal of Mathematics and Science Teaching, 1* (4), 14-15.

Legere, A. (1991) Collaboration and writing in the math classroom *Mathematics teacher* V 84 #3.

Lewis, M., & Anderson, J. (1985). Discrimination of operator schemata in problem solving: Learning from examples. *Cognitive Psychology, 17* 26-65.

Murphy, L. & Ross, S. (1990) Protagonist gender as a design variable in adapting mathematic story problem to learner interest. *Educational Technology Research and Development* V 38 #3.

National Council of Teachers of Mathematics (1991) *Profesional Standards for Teaching Mathematics.*

National Research Council Mathematical Science Education Board (1991) *Counting on you: Perspectives on school mathematics* National Academy Press. Washington DC.

Owens, E., & Sweller, J. (1985). What students learn while solving mathematics problems. *Journal of Educational Psychology*, 77 (3), 272-284.

Panel on Science and Mathematics Education (1985). Exploting present opportunities of computers in science and   mathematics education. *The Journal of Computers in   Mathematics and Science Teaching. 5,* 15-26.

Porter A. 1989 *A Survey of Mathematics with Applications* Addison Wesley Mass.

Shoefeld, A. H., (1989). Teaching mathematical thinking and problem solving. En L. Resnik & L. Klopfer (Eds)

(pp. 83-103) *Toward the thinking curriculum: Current cognitive research*, Washington, DC:1989 Yearbook ASCD.

Shoenfeld, A. H., & Hermann. D. J. (1980). *Problem perceptions and knowledge structures on expert and novice mathematical problem solvers.* Hamilton College, Clinton NY. N. S. F., Washington, DC. EDRS-MFO1.

Wales, C., Nardi, A. & Stager, R. (1987) *Thinking skills: Making a choice*, WVU, WV.

William, W. & Zhuli, J. (1991) Diagrams as aids to problem solving: Their role in facilitating search and computation. *Educational Technology Research and Development.* v 39 #1.